"十三五"江苏省高等学校重点教材
（编号：2019-2-200）

国家职业教育电子信息工程技术专业
教学资源库配套教材

icve
智慧职教
高等职业教育电子信息类专业课程
新形态一体化教材

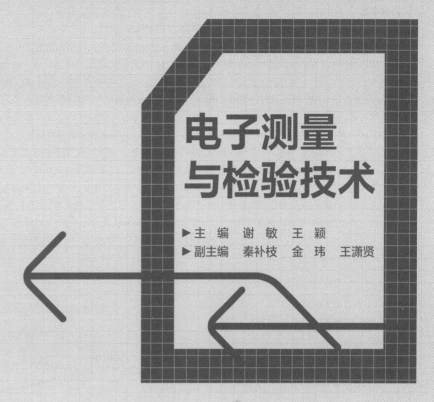

电子测量与检验技术

▶主　编　谢　敏　王　颖
▶副主编　秦补枝　金　玮　王潇贤

高等教育出版社·北京

内容提要

本书是国家职业教育电子信息工程技术专业教学资源库配套教材。

本书以实际电子整机产品为载体,以企业产品测量与检验的流程为依据设计教学项目,设有绪论和3个项目、11个任务。项目1为零件的测量与检验,包括电阻器的进厂检验,电容器、电感器的进厂检验和二极管、三极管的进厂检验3个任务。项目2为部件的测量与检验,包括波形的产生、波形的测量与检验(模拟示波器)、波形的测量与检验(数字示波器)、电压的测量与检验、频率的测量与检验、频域的测量与检验、数据域的测量与检验7个任务。项目3为整机的测量与检验,包括收音机整机性能参数的测量与检验1个任务。每个任务都以具体的测量与检验任务为核心,围绕任务目标,依照测量仪器的基本原理、测量与检验实例的流程展开教学内容。

为了让学习者能够快速且有效地掌握核心知识和技能,也方便教师采用更有效的传统方式教学,或者更新颖的线上线下的翻转课堂教学模式,本书采用"纸质教材+数字课程"的形式,在"智慧职教"教学平台上配有教、学、做一体化设计的专业教学资源库。书中以新颖的留白编排方式突出资源导航,扫描二维码,即可观看微课、动画等视频类数字资源,随扫随学,突破传统课堂教学的时空限制,激发学生自主学习的兴趣,打造高效课堂。本书配套提供的数字化教学资源包括 PPT 教学课件、微课、动画、参考资料等,具体获取方式详见"智慧职教"服务指南。

本书可作为高职高专院校电子信息工程技术专业相关课程的教材,也可作为其他相关专业的选修课教材,还可供广大测量与检验人员参考使用。

图书在版编目(CIP)数据

电子测量与检验技术 / 谢敏,王颖主编. -- 北京:
高等教育出版社,2021.9
ISBN 978-7-04-056161-6

Ⅰ. ①电… Ⅱ. ①谢…②王… Ⅲ. ①电子测量技术
-高等职业教育-教材②电子产品-检验-高等职业教育
-教材 Ⅳ. ①TM93②TN06

中国版本图书馆 CIP 数据核字(2021)第 091872 号

电子测量与检验技术
DIANZI CELIANG YU JIANYAN JISHU

| 策划编辑 | 郑期彤 | 责任编辑 | 郑期彤 | 封面设计 | 贺雅馨 | 版式设计 | 童 丹 |
| 插图绘制 | 邓 超 | 责任校对 | 刁丽丽 | 责任印制 | 耿 轩 | | |

出版发行	高等教育出版社		网 址	http://www.hep.edu.cn
社 址	北京市西城区德外大街 4 号			http://www.hep.com.cn
邮政编码	100120		网上订购	http://www.hepmall.com.cn
印 刷	北京宏伟双华印刷有限公司			http://www.hepmall.com
开 本	850mm×1168mm 1/16			http://www.hepmall.cn
印 张	12.25			
字 数	310 千字		版 次	2021 年 9 月第 1 版
购书热线	010-58581118		印 次	2021 年 9 月第 1 次印刷
咨询电话	400-810-0598		定 价	36.80 元

"智慧职教"是由高等教育出版社建设和运营的职业教育数字教学资源共建共享平台和在线课程教学服务平台,包括职业教育数字化学习中心平台(www. icve. com. cn)、职教云平台(zjy2. icve. com. cn)和云课堂智慧职教 App。用户在以下任一平台注册账号,均可登录并使用各个平台。

● 职业教育数字化学习中心平台(www. icve. com. cn):为学习者提供本教材配套课程及资源的浏览服务。

登录中心平台,在首页搜索框中搜索"电子测量与检验技术",找到对应作者主持的课程,加入课程参加学习,即可浏览课程资源。

● 职教云(zjy2. icve. com. cn):帮助任课教师对本教材配套课程进行引用、修改,再发布为个性化课程(SPOC)。

1. 登录职教云,在首页单击"申请教材配套课程服务"按钮,在弹出的申请页面填写相关真实信息,申请开通教材配套课程的调用权限。

2. 开通权限后,单击"新增课程"按钮,根据提示设置要构建的个性化课程的基本信息。

3. 进入个性化课程编辑页面,在"课程设计"中"导入"教材配套课程,并根据教学需要进行修改,再发布为个性化课程。

● 云课堂智慧职教 App:帮助任课教师和学生基于新构建的个性化课程开展线上线下混合式、智能化教与学。

1. 在安卓或苹果应用市场,搜索"云课堂智慧职教"App,下载安装。

2. 登录 App,任课教师指导学生加入个性化课程,并利用 App 提供的各类功能,开展课前、课中、课后的教学互动,构建智慧课堂。

"智慧职教"使用帮助及常见问题解答请访问 help. icve. com. cn。

前 言

"电子测量与检验技术"是电子信息类专业的一门实践性较强的主干课程。该课程根据电子产品制造企业的测量与检验类岗位能力要求,把电子测量知识和电子产品检验知识有机地结合起来,其主要目的是培养学生的电子测量仪器应用能力以及电子产品检验能力,建立全面质量管理的意识。

本书理论结合实践,以实际电子整机产品为载体,以企业产品测量与检验的流程为主线,全方位覆盖电子测量与检验技术。通过对本书的学习与实践应用,读者将体验电子制造企业的检验流程(即零件的测量与检验、部件的测量与检验以及整机的测量与检验),进一步理解电子测量仪器的基本工作原理,掌握常用电子测量仪器的使用方法,以及电子产品的检验方法,为今后从事测量与检验类工作打下良好的基础,实现高职毕业生零距离上岗的要求。

本书采用项目引入的形式,按 56 学时编排,各项目的学时安排如下表所示。可根据学生的理论基础和接受程度合理地安排课程教学进度及实验。

项目名称	任务名称	建议学时
绪论	检验的基础知识	2
	电子测量的基础知识	2
项目1 零件的测量与检验	任务 1　电阻器的进厂检验	4
	任务 2　电容器、电感器的进厂检验	4
	任务 3　二极管、三极管的进厂检验	4
项目2 部件的测量与检验	任务 4　波形的产生	4
	任务 5　波形的测量与检验(模拟示波器)	8
	任务 6　波形的测量与检验(数字示波器)	4
	任务 7　电压的测量与检验	4
	任务 8　频率的测量与检验	4
	任务 9　频域的测量与检验	4
	任务 10　数据域的测量与检验	4
项目3 整机的测量与检验	任务 11　收音机整机性能参数的测量与检验	8
总计		56

依托于国家职业教育电子信息工程技术专业教学资源库,本书可提供丰富的数字化教学资源,包括 PPT 教学课件、微课、动画、参考资料等,读者可访问 www.icve.com.cn(职业教育数字化学习中心)观看或下载。微课、动画资源配有二维码,读者可以通过手机、iPad 等移动终端随扫随学。

本书实现了"纸质教材+数字课程"的结合,借助"智慧职教"在线教学平台,学生不仅可以基于本书完成传统的课堂学习任务,还可以通过书中标注的资源开展自主拓展学习;教师则可以根据实际需要构建个性化的小规模专属在线课程(SPOC),开展线上线下混合式教学,翻转课堂,让学生成为学习的主角,提升学生的学习效果。"智慧职教"教学平台的具体使用方法详见"智慧职教"服务指南。使用本书授课的教师可发送电子邮件至 gzdz@ pub. hep. cn 索取教学资源。

　　本书由谢敏和王颖任主编,并负责全书的编写和审稿工作;秦补枝、金玮、王潇贤任副主编,协助编写了项目指导内容;冯薇、邓玉茹、胡艳玲、葛先雷任参编,协助制作了微课资源。在本书的编写过程中,得到了南京科技职业学院领导、同事的悉心指导和鼎力帮助,并参考了固纬公司、徐州隆宇公司、福禄克公司等单位相关产品技术说明书,在此一并表示衷心的感谢。

　　由于电子信息技术发展很快,加之编者水平有限,不当和错误之处在所难免,敬请广大读者指正。

王颖

2021 年 8 月

目　录

绪　论

项目1　零件的测量与检验

项目 2　部件的测量与检验

项目3 整机的测量与检验

绪　论

📖 知识目标

（1）熟悉质量检验的基本内容；

（2）掌握抽样检验的标准；

（3）熟悉电子产品检验的内容，掌握电子产品检验的基本流程；

（4）了解电子测量的意义、特点、分类；

（5）熟悉电子测量仪器的发展、分类、主要性能指标；

（6）掌握测量误差的分析、计算和测量结果的表示。

☑ 能力目标

（1）能够熟悉质量检验的基本内容；

（2）能够根据抽样检验的标准制定抽样方案；

（3）能够掌握电子产品检验的基本流程；

（4）能够了解电子测量的意义、特点、分类；

（5）能够熟悉电子测量仪器的发展、分类、主要性能指标；

（6）能够掌握测量误差的分析、计算和测量结果的表示。

⚓ 素质目标

（1）能够自觉维护工作场所的正常秩序，安全、文明生产，具有严谨细致的工作作风；

（2）能够仔细观察、独立思考、自主学习；

（3）能够阅读中、英文技术资料；

（4）能够主动与人合作和交流。

0.1　检验的基础知识

0.1.1　质量检验

检验是通过观察和判断,适当结合测量和试验所进行的符合性评价。对产品而言,检验是指根据产品标准或检验规程对原材料、中间产品、成品进行观察,适当时进行测量或试验,并把所得到的特性值和规定值进行比较,判定出各物品或成批产品合格或不合格的技术性检查活动。

质量检验是指对产品的一个或多个质量特性进行观察、测量和试验,并将结果和规定的质量要求进行比较,以确定每项质量特性合格情况的技术性检查活动。

1. 质量检验的工作内容

（1）检验准备

首先,要熟悉标准和技术文件所规定的质量特性和具体内容,确定测量的项目和量值。其次,要确定检验方法,选择精密度、准确度适合检验要求的计量器具和测试、试验及理化分析用的仪器设备。最后,将确定的检验方法和方案用技术文件形式加以书面规定,制定规范化的检验规程（细则）、检验指导书或绘制成图表形式的检验流程卡及工序检验卡等。

（2）测量或试验

按已确定的检验方法和方案,对产品的质量特性进行定量或定性的观察、测量和试验,得到需要的量值和结果。测量和试验前后,检验人员要确认仪器设备和被检物品试样状态正常,保证测量和试验数据的正确、有效。

（3）记录

对测量的条件、测量得到的量值和观察得到的技术状态用规范化的格式和要求加以记载或描述,并作为客观的质量证据保存下来。质量检验记录是证实产品质量的依据,因此数据要客观、真实,字迹要清晰、整齐,并且不能随意涂改,需要更改的应按规定程序和要求办理。质量检验记录不仅要记录检验数据,还要记录检验日期、班次,由检验人员签名,便于质量追溯,明确质量责任。

（4）比较和判定

检验产品质量判定方法包括符合性判定和适用性判定。

符合性判定:根据比较的结果,由专职人员将检验的结果与规定要求进行对照比较,确定每一项质量特性是否符合规定要求,从而判定被检验的产品是否合格。

适用性判定:对经符合性判定为不合格的产品或原材料进一步确认能否适用的判断。只有在确认该项不合格的质量特性不影响产品的最终质量时,才能做出适用性判定。必要时可采用筛选和预加工等方法创造适用性条件。

（5）确认和处置

检验人员对检验的记录和判定的结果进行签字确认。对产品（单件或批）是否可以"接收"或"放行"进行处置。对合格品准予放行,并及时转入下道工序或准予入库、交付（销售、使用）。对不合格品,按其程度分别做出返修、返工、让步接收或报废处置。对批量产品,根据产品的质量情况和检验判定结果分别做出接收、拒收及复检等处置。

2. 质量检验的职能

(1) 鉴别职能

鉴别职能,指根据技术标准、产品图样、作业(工艺)规程或订货合同、技术协议的规定,采用相应的检测方法,进行观察和试验并测量产品的质量特性,判断产品质量是否符合规定的要求。该职能主要是由专职检验人员完成的。

(2) 把关职能

质量把关是质量检验的基本功能。产品的生产制造是一个复杂过程。各种影响质量的因素都会在生产过程中发生变化和波动,生产的各工序(过程)不可能始终处于等同的技术状态,质量波动是客观存在的。因此,应通过严格的质量检验,剔除不合格品并予以隔离,保证不合格的原料不投产,不合格的零件不转序、不装配,不合格的产品不出厂,严格把好质量关,实现把关功能。这种隔离措施主要是由生产管理人员来完成。

(3) 预防职能

现代质量检验不单纯是事后把关,同时还起到预防的作用。实际上对原材料和外购件的进货检验,对半成品转序或入库前的检验,既起到把关作用,又起到预防作用。对前一道工序的把关,就是对后一道工序的预防,特别是应用现代数理统计方法对检验数据进行分析,就能找到或发现质量变异的特征和规律。利用这些特征和规律就能改善质量状况,预防不稳定生产状况的出现。

(4) 报告职能

为了使生产的管理部门及时掌握生产过程中的质量状况,评价和分析质量控制的有效性,应把通过检验获取的数据和信息经汇总、整理和分析写成报告,为质量控制、质量改进、质量考核及管理层进行质量决策提供重要依据。

3. 质量检验的目的

(1) 判定产品、零部件合格与否

通过对产品、零部件的质量检验,可以判定其质量是否合格。

(2) 证实产品、零部件的符合性

产品、零部件应按标准的规定进行生产,最终质量水平是否符合标准规定的质量要求,要通过质量检验来证实。

(3) 评定产品质量

通过质量检验可以确定产品不合格的严重程度,为质量评定与质量改进提供依据。

(4) 考核过程质量

通过质量检验可以对产品生产过程的工艺执行力进行监督,对过程质量进行检验,考核过程质量是否处于稳定状态。

(5) 获取质量信息

通过质量检验可以获取大量的数据,对这些数据的统计分析,既可以为产品质量考核指标提供依据,又可以为质量改进和开展质量管理活动提供重要的质量信息。

4．不合格品的控制

在检验过程中，发现不合格品后，应对其实施控制，要点如下。

① 标识：经检验一旦发现不合格品，要及时对其进行标识。

② 记录：做好不合格品记录，确定不合格品的范围，如产品型号或物料名称、规格、地点等。

③ 评价：按照流程规定进行反馈，由相关负责人对不合格品进行评价，确认是否能返工、返修、让步接收或报废。

④ 隔离：将不合格品隔离存放，并以检验状态表示，予以区别。

5．质量检验的分类

（1）按检验阶段分类

① 进货检验：指对所采购的原材料、外协外购件、辅助材料以及半产品等在入库之前进行的检验。其目的是防止不合格品进入仓库，防止由于使用不合格品而影响产品的质量或打乱正常的生产秩序。

② 过程检验：也称工序检验，指在产品形成过程中，对各加工工序之间进行的检验。其目的在于保证各工序的不合格半成品不流入下一道工序，防止对不合格半成品的继续加工和成批半成品的不合格，确保正常的生产秩序。过程检验要按生产工艺流程与作业指导进行，起到验证工艺和保证工艺规程贯彻执行的作用。

③ 成品检验：指在生产结束后，产品入库前对产品进行的全面检验。其目的在于防止不合格产品流向顾客。成品检验要按成品检验指导书的规定进行，只有在规定的各项检验全部完成，检验结果符合要求，检验报告得到审批认可后，产品才能入库发货。

（2）按检验场所分类

① 固定场所检验：指在企业的生产作业场所、场地和工地设立的固定检验站（点）进行的检验活动。

② 流动检验（巡回检验）：指检验人员在生产现场按一定的时间间隔对有关工序的产品质量和加工工艺进行的监督检验。

（3）按检验方法分类

① 全数检验：指根据质量标准，对送交检验的全部产品逐次进行检验，从而得出每一件产品是否合格的判定。全数检验又称为百分之百检验。

② 抽样检验：指根据数理统计预先制定的抽样方案，从交验批（交去检验的这批产品）中抽出部分样品进行的检验。根据这部分样品的检验结果，按照抽样方案的判断规则，判定整批产品的质量水平，从而得出该批产品是否合格的结论，并决定是接收还是拒收该批产品，或者采取其他处理方式。

6．抽样检验

抽样检验是从一批产品中随机抽取一部分产品进行检验，根据对部分产品（样本）检验结果的数据对整批产品给出是否合格的判断。当产品批量较大或需要进行破坏性检查时，通常采用抽样检验的方法。

（1）全数检验与抽样检验的比较

① 全数检验将整批产品一件件地分为合格品与不合格品，因此全数检验的对象是

单件产品;抽样检验通过对样本的检验来判断整批产品是否合格,因此抽样检验的对象是一批产品。

② 经全数检验判定为不合格而拒收的通常是少量不合格品,对生产者的压力并不大;而经抽样检验判定为不合格而拒收的是整批产品,对生产者的压力较大,能更好地促进生产者提高产品质量。

③ 实践表明,由于主观和客观因素的影响,全数检验工作有时会出现差错,特别是在产品批量大、生产任务要求急和连续工作时间长的情况下。因此,对于大批量产品的检验来说,全数检验不是一种完美的检验方法。

④ 抽样检验只对样本进行检验就得出整批产品合格与否的判定,但判定为合格的整批产品中仍可能存在不合格品,而被判定为不合格的整批产品中也可能存在合格品。再好的抽样方案也不可能保证不发生误判,但可以将误判的概率控制在一定的范围内。

实践证明,由于抽样检验的工作量相对减少,时间比较充裕,能改善检验工作环境并降低检验劳动强度等,综合评定抽样检验比全数检验的判定差错风险小,因此,在当今质量控制中,抽样检验得到了广泛应用。

（2）使用抽样检验必须具备的条件

① 在检验后被判定为合格的交验批中,在技术和经济上都允许存在一定数量的不合格品。

② 产品能够被划分为单位产品,在交验批中能随机抽取一定数量的样本。

（3）统计抽样检验

抽样检验的目的是通过样本推断总体,期望用尽量少的样本量来尽可能准确地判定总体(整批)的质量。如果要达到此目的和期望,传统的百分比抽样是不科学、不合理的,通过理论研究和实践证明只有采用统计抽样检验才是科学且合理的。所谓统计抽样检验是指抽样方案完全由统计技术所确定的抽样检验。目前,统计抽样检验国家标准已有 22 项,其中,GB/T 2828.1—2012/ISO 2859-1:1999《计数抽样检验程序 第 1 部分:按接收质量限(AQL)检索的逐批检验抽样计划》和 GB/T 2829—2002《周期检验计数抽样程序及表(适用于对过程稳定性的检验)》两项标准被广泛应用。

抽样方案按照抽样次数通常分为一次、两次及多次抽样方案等。以下仅简要介绍一次抽样方案。

一次抽样方案表示为 $[N, n, \mathrm{Ac}, \mathrm{Re}]$,其中,$N$ 为交验批的批量;n 为样本量;Ac 为接收数;Re 为拒收数。

一次抽样方案的判定程序如下:

① 从交验批 N 件产品中随机抽取 n 件产品组成样本,按标准预先设定一个接收数 Ac 和一个拒收数 Re;

② 对样本中的 n 件产品进行检验,若发现样本 n 中的不合格品数为 r,则用 r 与 Ac、Re 比较后进行判断;

③ 当 $r \leqslant \mathrm{Ac}$ 时,判断此批产品(N 件产品)为合格,对整批产品接收,当 $r \geqslant \mathrm{Re}$ 时,判断此批产品(N 件产品)为不合格,对整批产品拒收。

可见,一次抽样检验只需抽取一个样本,就会得出合格与否的判断。

（4）计数调整型抽样检验标准（GB/T 2828.1—2012）简介

GB/T 2828.1—2012 属于计数调整型抽样检验标准。它有严密的数学理论基础和广泛的应用范围，通用于连续批的检验，是目前国内外广泛采用的统计抽样检验方案。

在抽样检验过程中，随着交验批质量的变化，按照事先规定的转移规则，抽样方案可在正常检验、放宽检验和加严检验之间进行调整，以达到促进生产方不断提高产品质量、保护供需双方权益的目的，这就是调整型的抽样方案。抽样方案和转移规则应同时使用。GB/T 2828.1—2012 以接收质量限（AQL）为质量指标，设计了一次、二次和五次抽样方案，供使用者选用。

① AQL。AQL 表征连续提交批平均不合格品率的上限值（最大值），也称合格质量水平、可接受的质量水平。它是计数调整型抽样检验对交验批的质量标准。计数调整型抽样方案可以保证需求方得到具有 AQL 平均质量水平的产品。

GB/T 2828.1—2012 规定，当以不合格品百分数表示质量水平时，AQL 值应不超过 10%；当以每百单位产品不合格数表示质量水平时，AQL 值应不超过 1 000。所使用的 AQL 应在合同中规定或由负责部门指定。

② 检验水平（IL）。在抽样检验过程中，检验水平用于表征抽样检验方案的判断能力，即判断能力强时，检验水平高。实际上，检验水平是为确定判断能力而规定的批量 N 与样本量 n 之间关系的等级划分。检验水平的等级划分如下。

a. 一般检验水平分为三级：Ⅲ、Ⅱ、Ⅰ；判断能力：Ⅲ>Ⅱ>Ⅰ。

b. 特殊检验水平分为四级：S-4、S-3、S-2、S-1；判断能力：S-4>S-3>S-2>S-1。

一般检验水平的判断能力大于特殊检验水平的判断能力。

③ 一次抽样方案的检索。

a. 确定样本量字码：根据批量 N 和规定的检验水平，查样本量字码表，得到相应的样本量字码（CL）。

b. 查正常检验一次抽样方案（主表）：根据样本量字码和事先规定的 AQL 在正常检验一次抽样方案（主表）中查得抽样方案 $[N, n, \text{Ac}, \text{Re}]$。

0.1.2　电子产品检验

电子产品的质量决定着电子产品在市场上的竞争能力，也关系到企业的生存和发展。因此，生产高性能、高质量、低成本的产品已成为各生产厂家追求的目标。电子产品检验是电子产品生产过程中保证产品质量必不可少的重要环节。

电子产品检验是对电子产品是否达到质量要求所采取的作业技术和活动。其目的在于科学地判定电子产品特性是否符合要求，剔除不合格产品，确保产品质量达到技术标准要求，为分析影响产品质量的因素提供证据，为产品质量控制提供可靠的依据，为产品质量改进提供准确的信息。电子产品检验是由质量检验部门按照标准规定的测试手段和方法，对原材料、元器件、零部件和整机进行的质量检验和判断。

1. 电子产品检验的内容

电子产品检验的内容一般包括原材料、元器件及零部件等的进货检验，以及流水生产工序中的过程检验和整机检验（交收检验、定型检验和例行试验）。

（1）进货检验

进货检验又称为进厂检验,它是保证产品生产质量的重要前提。对于产品生产所需的原材料、元器件及零部件,有的可能本身不合格,有的可能会在包装、存放和运输过程中出现损坏和变质,因此,在进厂入库前应按产品的技术条件、技术协议或订货合同进行外观检验和相关性能指标的测试,检验合格后方可入库。对判定为不合格的原材料、元器件及零部件应进行严格的隔离,以免混料。

（2）过程检验

进货检验合格的原材料、元器件及零部件等在部件组装和整机装配过程中,可能因操作人员的技能水平、质量意识以及装配工艺、设备、工装等因素,使得组装后的组成部件和整机有时不能完全符合质量要求。因此,对生产过程中的各道工序都应进行检验,并采用操作人员自检、生产班组互检和专职人员检验相结合的方式。过程检验是工厂全面质量管理的主要措施。检验时,应根据检验标准,对组成部件和整机生产过程中各装调工序的质量进行综合检查。检验标准一般以文字和图纸形式表达,对一些不便于用文字和图纸表达的标准,应使用实物建立标准样品作为检验依据。

（3）整机检验

整机检验是检查产品经过总装、调试后是否达到预定功能要求和技术指标的过程。整机检验主要包括直观检验、功能检验及对整机的技术指标进行测试等内容。其中,直观检验项目包括:产品是否整洁;面板和机壳表面的涂层及结构件和铭牌标识等是否齐全,有无损伤;产品的各种连接装置是否完好;金属构件有无锈蚀现象;量程覆盖是否符合要求;转动机构是否灵活;控制开关是否到位等。功能检验是对产品设计所要求的各项功能进行检查,不同的产品有不同的检验内容和要求。对整机的技术指标进行测试也是整机检验的主要内容之一,通过测试可以知道产品是否达到国家或企业的技术标准。

2．电子产品检验的一般流程

不论采取何种方式或方法,电子产品检验都应按产品图样、工艺文件和技术标准进行,一般都要经过以下程序。

（1）定标

定标,即了解和掌握质量标准。检验人员必须首先学习和掌握有关技术文件和技术标准、检验方法,熟悉产品的技术原理,明确产品的技术性能,在此基础上制订检验计划、拟定检验方法和检验操作规程。

（2）抽样和测量

检验人员按抽样方案随机抽取样品;然后按照检验方案或操作规程,运用检测设备、仪器、量具进行试验、测量、分析,确定产品质量特性。检验时要认真负责,做好检验工作和原始记录,建立技术档案或卡片,遇到重要问题时要及时向领导报告。

（3）比较和判断

比较和判断即将检测数据与标准进行对比。检验人员将检测数据与技术标准或工艺文件规定的质量指标进行对比,以得出合格与不合格的正确判断。然后,将合格品分为不同等级;对于判定为不合格的产品,则要进行适用或不适用、返修与报废的判断。

3. 检验工艺

在工业生产中,把各种原材料、半成品加工成产品的方法和过程称为工艺,形成的技术性文件称为工艺文件。检验工艺在整个产品生产工艺流程中占有很重要的位置。检验工艺可以是产品整套工艺中的一部分,也可以单列出来。

在电子产品制造(生产)的工厂或车间里,为了保证产品的顺利生产,每一道工序都要设立检验岗位,杜绝不合格品流入下道工序,这样既能确保产品质量,又能及时发现问题,提高生产效率。为此,要对元器件、原材料、半成品及成品进行检验,并且要根据检验结果对产品质量进行评价,同时进行接收或拒收的判断。

电子产品的检验工艺一般可分为元器件进厂检验、装配过程检验、成品检验、整机出厂检验。常用的电子产品检验方法有全数检验和抽样检验两大类。电子产品一般检验工艺流程如图 0.1.1 所示。

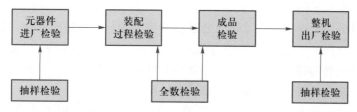

图 0.1.1　电子产品一般检验工艺流程

0.2　电子测量的基础知识

0.2.1　电子测量

1. 电子测量的意义

进行电子产品检验时,应根据检验技术要求,按照规定的环境条件、测量仪器(仪表)、工具、设备条件以及规定的测量方法,对规定的技术指标进行检验,即检验过程中最重要的方法为测量。

测量是人类对客观事物取得数值的认识过程。在这一过程中,人们借助于专门的设备,依据一定理论,通过试验的方法,求出以所用测量单位来表示的被测量的量值或确定一些量值的依从关系。通常,测量结果的量值由两部分组成:数值(大小及符号)和相应的单位。无单位的量值是没有物理意义的。

2. 电子测量的特点

同其他测量相比,电子测量具有以下几个突出的优点。

(1) 测量频率范围宽

电子测量既可测量直流电量,又可测量交流电量,其频率范围可以覆盖整个电磁频谱,可达 $10^{-6} \sim 10^{12}$ Hz。但应注意,在不同的频率范围内,即使测量同一种电量,所需要采用的测量方法和使用的测量仪器往往也不同。

(2) 仪器量程宽

量程是仪器所能测量各种参数的范围。电子测量仪器具有相当宽广的量程。例如,一台数字电压表可以测出从纳伏(nV)级至千伏(kV)级的电压,其量程跨度达 12 个数量级;一台用于测量频率的电子计数器的量程跨度可达 17 个数量级。

(3)测量准确度高

电子测量的准确度比其他测量方法高得多,特别是对频率和时间的测量,精确度可达 10^{-4} 数量级,是目前人类在测量准确度方面达到的最高指标。电子测量的高准确度是它在现代科学技术领域得到广泛应用的重要原因之一。

(4)测量速度快

由于电子测量是通过电磁波的传播和电子运动来进行的,因而可以实现测量过程的高速度,这是其他测量无法比拟的。只有高速度的测量,才能测出快速变化的物理量,这对于现代科学技术的发展具有特别重要的意义。例如,原子核的裂变过程、导弹的发射速度、人造卫星的运行参数等,都需要高速度的电子测量。

(5)易于实现遥测

电子测量的一个突出优点是可以通过各种类型的传感器进行遥测。例如,对于遥远距离或环境恶劣的、人体不便于接触或无法到达的区域(如深海、核反应堆内、人造卫星等),可通过传感器以电磁波、光、辐射等方式进行测量。

(6)易于实现测量自动化和测量仪器微机化

大规模集成电路和微型计算机的应用使电子测量出现了崭新的局面,例如,在测量中能实现程控、自动量程转换、自动校准、自动诊断故障和自动修复,对于测量结果可以自动记录并自动进行数据运算、分析和处理。目前已出现了许多带微处理器的自动化示波器、数字频率计、数字式电压表以及受计算机控制的自动化集成电路测试仪、自动网络分析仪和其他自动测试系统。

电子测量的一系列优点使其获得极其广泛的应用。今天,几乎找不到哪一个科学技术领域没有运用电子测量技术。大到天文观测、宇宙航天,小到物质结构、基本粒子,从复杂的生命、遗传问题到日常的工农业生产、商业部门,都越来越多地采用了电子测量技术与设备。

3. 电子测量方法的分类

(1)按被测量的性质分类

被测对象种类繁多,性质千差万别,为方便起见,可根据被测量的性质将电子测量分为时域测量、频域测量、数据域测量和随机测量。

① 时域测量。时域测量是测量被测对象在不同时间下的特性,这时把被测信号看成一个时间的函数。例如,使用示波器显示被测信号的瞬时波形,测量它的幅度、宽度、上升沿和下降沿等参数。时域测量还包括对一些周期信号的稳态参量的测量,如正弦交流电压,虽然它的瞬时值会随时间变化,但是交流电压的振幅值和有效值是稳态的,可用指针式仪表进行测量。

② 频域测量。频域测量是测量被测对象在不同频率下的特性,这时把被测对象看成一个频率的函数。例如,信号通过非线性电路会产生新的频率分量,能使用频谱分析仪进行分析;放大器的幅频特性可用频率特性测试仪进行显示;放大器对不同频率的信号会产生不同的相移,可使用相位计测量放大器的相频特性。

③ 数据域测量。数据域测量是对数字系统逻辑特性进行的测量。利用逻辑分析

仪能够分析离散信号组成的数据流,可以观察多个输入通道的并行数据,也可以观察一个通道的串行数据。

④ 随机测量。随机测量是利用噪声信号源进行的动态测量,如各类噪声、干扰信号等。

（2）按测量的手段分类

对同一类性质的被测量进行测量时,由于测量原理不一样,选择的测量设备、采用的测量手段也可能不一样,常用的有直接测量、间接测量和组合测量。

① 直接测量。直接从电子仪器或仪表上读出测量结果的方法称为直接测量。例如,用电压表测量电路中的电压、用通用电子计数器测量频率,都属于直接测量。

② 间接测量。对一个与被测量有确定函数关系的物理量进行直接测量,然后通过表示该函数关系的公式、曲线或表格求出被测量值的方法,称为间接测量。例如,要测量已知电阻 R 上消耗的功率,先测量加在 R 两端的电压 U,再根据公式 $P=\dfrac{U^2}{R}$ 求出功率 P 的值。

③ 组合测量。在某些测量中,被测量与几个未知量有关,测量一次无法得出完整的结果,则可改变测量条件进行多次测量,然后按被测量与未知量之间的函数关系联立方程,求解得出有关未知量。这种测量方法称为组合测量,它是一种兼用直接测量与间接测量的方法。

上面介绍的三种方法中,直接测量的优点是测量过程简单迅速,在工程技术中采用得比较广泛。间接测量多用于科学试验,在生产及工程技术中应用较少,只有当被测量不便于直接测量时才采用。组合测量则是一种特殊的精密测量方法,适用于科学试验及一些特殊场合。

0.2.2　电子测量仪器

1. 电子测量仪器的发展

测量中用到的各类电子仪表、电子仪器及辅助设备统称为电子测量仪器。其发展大致经历了模拟仪器、数字化仪器、智能仪器和虚拟仪器四个阶段。

（1）模拟仪器

模拟仪器是出现较早、现在仍然比较常见的测量仪器,如指针式万用表、晶体管毫伏表等,它们的指示机构是电磁机械式的,借助指针显示测量结果。

（2）数字化仪器

数字化仪器是目前很普遍的测量仪器,如数字电压表、数字频率计等。数字化仪器可将模拟信号的测量变换成数字信号的测量,并以数字形式给出测量结果,具有测量速度快、测量准确度高、抗干扰性能好、操作方便等诸多优点。

（3）智能仪器

智能仪器内置微处理器,既能进行自动测量,又具有一定的数据处理功能,可取代部分脑力劳动。智能仪器的功能模块多以硬件（或固化的软件）形式存在,无论是开发还是应用,均缺乏一定的灵活性。

（4）虚拟仪器

虚拟仪器（virtual instrument,VI）是以一种全新的理念于 20 世纪 90 年代发展起来的仪器,主要用于自动测试、过程控制、仪器设计和数据分析。虚拟仪器强调"软件即仪器",即在仪器设计或测试系统中尽可能用软件代替硬件,所以用户可以在通用计算机平台上,根据自己的需求来定义和设计仪器的测试功能,其实质是充分利用计算机的最新技术来实现和扩展传统仪器的功能。

虚拟仪器主要由计算机、仪器模块和软件三部分组成。仪器模块的功能主要靠软件实现,通过编程在显示屏上构成信号发生器、示波器或数字万用表等传统仪器的前面板(即软面板),而且信号发生器产生信号的波形、频率、占空比、幅值等,以及示波器的测量通道、偏转因数、时基因数、极性、触发信号等,均可用鼠标或按键进行设置,操作使用更加方便。此外,虚拟仪器还具有较强的分析处理能力。

2. 电子测量仪器的分类

电子测量仪器种类繁多,主要包括通用仪器和专用仪器两大类。专用仪器是为特定目的而专门设计制作的,适用于特定对象的测量。通用仪器则是指应用面广、灵活性好的测量仪器。按照仪器功能,通用仪器包括以下几类。

(1)信号发生器(信号源)

信号发生器是在电子测量中提供符合一定技术要求的电信号的仪器,如正弦波信号发生器、脉冲信号发生器、函数信号发生器、随机信号发生器等。

(2)电压测量仪器

电压测量仪器是用于测量信号电压的仪器,如低频毫伏表、高频毫伏表、数字电压表等。

(3)波形测试仪器

波形测试仪器是用于显示信号波形的仪器,如通用示波器、采样示波器、存储示波器。

(4)频率测量仪器

频率测量仪器是用于测量信号频率、周期等的仪器,如指针式、数字式频率计等。

(5)电路参数测量仪器

电路参数测量仪器是用于测量电阻、电感、三极管放大倍数等电路参数的仪器,如电桥、Q 表、晶体管特性图示仪等。

(6)信号分析仪器

信号分析仪器是用于测量信号非线性失真度、信号频谱特性等的仪器,如失真度仪、频谱分析仪等。

(7)模拟电路特性测试仪器

模拟电路特性测试仪器是用于分析模拟电路幅频特性、噪声特性等的仪器,如频率特性测试仪、噪声系数测试仪等。

(8)数字电路特性测试仪器

数字电路特性测试仪器是用于分析数字电路逻辑特性等的仪器,主要指逻辑分析仪,是数据域测量不可缺少的仪器。

测量时应根据测量要求,参考被测量与测量仪器的有关指标,结合现有测量条件及经济状况,尽量选用功能相符、使用方便的仪器。

3. 电子测量仪器的主要性能指标

电子测量仪器的性能指标主要包括频率范围、准确度、量程与分辨率、稳定性与可靠性、环境条件、响应特性以及输入特性与输出特性等。

（1）频率范围

频率范围是指能保证仪器各项指标正常、仪器正常工作的输入信号或输出信号的频率范围,即有效频率范围。

（2）准确度

准确度既可用于说明测量结果与被测量真值的一致程度,即测量准确度;也可用于描述测量仪器给出值接近于真值的能力,即测量仪器准确度。

测量准确度是指测量结果与被测量真值的一致程度,由于真值难以获得,故准确度是一个定性的概念而非定量的量值。

（3）量程与分辨率

量程是指测量仪器的测量范围。分辨率是指通过仪器所能直接反映出的被测量变化的最小值,即指针式仪表刻度盘标尺上最小刻度代表的被测量大小或数字仪表最低位的"1"所表示的被测量大小。同一仪器不同量程的分辨率不同,通常以仪器最小量程的分辨率(最高分辨率)作为仪器的分辨率。

（4）稳定性与可靠性

稳定性是指在一定的工作条件下,在规定时间内,仪器保持指示值或供给值不变的能力。可靠性是指仪器在规定条件下完成规定功能的能力,是反映仪器是否耐用的一种综合性和统计性质量指标。

（5）环境条件

环境条件即保证仪器正常工作的工作环境,如基准条件、正常条件、额定工作条件等。

（6）响应特性

一般来说,仪器的响应特性是指输出的某个特征量与输入的某个特征量的响应关系或驱动量与被驱动量的关系。

（7）输入特性与输出特性

输入特性主要包括测量仪器的输入阻抗、输入形式等。输出特性主要包括测量结果的指示方式、输出电平、输出阻抗、输出形式等。

0.2.3　测量误差

微课
测量误差的表示方法

测量的目的就是希望获得被测量的实际大小,即真值。所谓真值,就是在一定的时间和环境条件下,被测量本身所具有的真实数值。实际上,由于测量设备、测量方法、测量环境和测量人员的素质等条件限制,测量所得到的结果与被测量的真值会有差异,这个差异称为测量误差。测量误差过大,可能会使得测量结果变得毫无意义,甚至会带来坏处。研究误差的目的,就是要了解产生误差的原因和误差发生的规律,寻求减小误差的方法,使测量结果精确可靠。

1. 测量误差的表示方法

测量误差有两种表示方法:绝对误差和相对误差。

（1）绝对误差

① 定义。由测量所得到的被测量值 x 与其真值 A_0 之差称为绝对误差,用 Δx 表

示,有

$$\Delta x = x - A_0$$

由于被测量值 x 总含有误差,x 可能比 A_0 大,亦可能比 A_0 小,因此 Δx 既有大小,又有正负符号,其量纲和测量值相同。

要注意,这里的被测量值是指仪器的示值。一般情况下,仪器的示值和仪器的读数有区别。读数是指从仪器刻度盘、显示器等读数装置上直接读到的数字;示值是该读数表示的被测量的量值,常常需要加以换算。

真值 A_0 是一个理想的概念,一般来说,是无法精确得到的。因此,实际应用中,通常用实际值 A 来替代真值 A_0。

实际值又称为约定真值,它是根据测量误差的要求,用高一级或数级的标准仪器或计量器具测量所得的值,这时绝对误差可按下式计算:

$$\Delta x = x - A$$

例 0.1 用电压表测量电压的读数为 102 V,而用标准表测得的结果为 100 V,那么绝对误差为多少?

解:
$$\Delta U = U_x - A = 102 \text{ V} - 100 \text{ V} = 2 \text{ V}$$

② 修正值。与绝对误差的绝对值大小相等,但符号相反的量值称为修正值,用 c 表示,有

$$c = -\Delta x = A - x$$

对测量仪器进行定期检定时,会用标准仪器与受检仪器相对比,以表格、曲线或公式的形式给出受检仪器的修正值。在日常生活中,受检仪器测量所得到的结果应加上修正值,以求得被测量的实际值,即

$$A = x + c$$

例 0.2 某电流表的量程为 5 A,通过鉴定而得出其修正值为 -0.01 A。如用这只电流表测电路中的电流,其示值为 4.6 A,则被测电流实际值为多少?

解:
$$A = x + c = 4.6 \text{ A} + (-0.01) \text{ A} = 4.59 \text{ A}$$

由此可见,利用修正值可以减小误差的影响,使测量值更接近真值。在实际应用中,应定期将仪器仪表送计量部门鉴定,以便得到正确的修正值。

（2）相对误差

绝对误差虽然可以说明测量结果偏离实际值的情况,但不能确切反映测量的准确程度,不便于看出误差对整个测量结果的影响。例如,对 10 Hz 和 1 MHz 两个频率分别进行测量,绝对误差都为 +1 Hz,但两次测量结果的准确程度显然不同。因此,除绝对误差外,还应明确相对误差的定义。

① 定义。绝对误差与被测量的真值之比称为相对误差(或称为相对真误差),用 γ 表示,有

$$\gamma = \frac{\Delta x}{A_0} \times 100\%$$

相对误差没有量纲,只有大小及符号。

② 实际相对误差。由于真值是难以确切得到的,因此通常用实际值 A 代替真值 A_0 来表示相对误差,称为实际相对误差,用 γ_A 表示,有

$$\gamma_A = \frac{\Delta x}{A} \times 100\%$$

③ 示值相对误差。在误差较小,且要求不严格的场合,也可用测量值 x 代替实际值 A,由此得出示值相对误差,用 γ_x 来表示,有

$$\gamma_x = \frac{\Delta x}{x} \times 100\%$$

由于 x 中含有误差,所以 γ_x 只适用于近似测量。当 Δx 很小时,$x \approx A$,有 $\gamma_x \approx \gamma_A$。

例 0.3　两个电压的实际值分别为 $U_{1A} = 100$ V,$U_{2A} = 10$ V;测量值分别为 $U_{1x} = 98$ V,$U_{2x} = 9$ V。求两次测量的绝对误差和相对误差。

解:两次测量的绝对误差分别为

$$\Delta U_1 = U_{1x} - U_{1A} = 98 \text{ V} - 100 \text{ V} = -2 \text{ V}$$

$$\Delta U_2 = U_{2x} - U_{2A} = 9 \text{ V} - 10 \text{ V} = -1 \text{ V}$$

可知,$|\Delta U_2| < |\Delta U_1|$。

两次测量的相对误差分别为

$$\gamma_{A1} = \frac{\Delta U_1}{U_{1A}} = -\frac{2}{100} \times 100\% = -2\%$$

$$\gamma_{A2} = \frac{\Delta U_2}{U_{2A}} = -\frac{1}{10} \times 100\% = -10\%$$

可见,$|\gamma_{A1}| < |\gamma_{A2}|$。说明 U_2 的测量准确度低于 U_1。

由此可见,用相对误差衡量误差对测量结果的影响,比用绝对误差更加确切。

④ 引用相对误差。用绝对误差 Δx 与仪器满刻度值 x_m 之比来表示相对误差,称为引用相对误差(或称为满度相对误差),用 γ_m 表示,有

$$\gamma_m = \frac{\Delta x}{x_m} \times 100\%$$

测量仪器使用最大引用相对误差来表示其准确度,这时有

$$\gamma_{mm} = \frac{\Delta x_m}{x_m} \times 100\%$$

式中,Δx_m 为仪器在其量程范围内出现的最大绝对误差;x_m 为满刻度值;γ_{mm} 为仪器在工作条件下不应超过的最大引用相对误差,它反映了该仪器综合误差的大小。

电工测量仪器按 γ_{mm} 值分为 0.1、0.2、0.5、1.0、1.5、2.5、5.0 七个等级。1.0 级表示该仪器的最大引用相对误差不会超过 ±1.0%,但超过 ±0.5% 也称准确度等级为 1.0级。准确度等级常用符号 S 表示。

例 0.4　已知某被测电压为 80 V,用 1.0 级、100 V 量程的电压表测量,若只做一次测量就把该测量值作为测量结果,则可能产生的最大绝对误差是多少?

解:在实际生产过程中,经常将一次直接测量的结果作为最终结果,所以,讨论这个问题具有现实意义。仪器的准确度等级表示该仪器的最大引用相对误差,该仪器可能出现的最大绝对误差为

$$\Delta x_m = \pm 1.0\% \times 100 \text{ V} = \pm 1 \text{ V}$$

由仪器准确度等级的定义可知

$$\Delta x \leqslant x_m \cdot S\%$$

由示值相对误差的定义可知

$$\gamma_x \leqslant \frac{x_m}{x} \cdot S\%$$

也就是说，x 越接近 x_m，测量的示值相对误差越小，测量准确度越高。因此，在选择测量仪器量程时，应使指针尽量接近满偏转，最好指示在满刻度值 2/3 以上的区域。应该注意，这个结论只适用于正向线性刻度的电压表、电流表等类型的仪器。

而对于反向刻度的仪器，即随着被测量数值的增大指针偏转角度变小的仪器，如万用表的欧姆挡，由于在设计或检定仪器时均以中值电阻为基准，故在使用这类仪器进行测量时应尽可能使指针指在中心位置附近区域，因为此时的测量准确度最高。

例 0.5 被测电压的实际值在 10 V 左右，现有量程和准确度等级分别为 150 V、0.5 级和 15 V、1.5 级的两只电压表，问用哪只电压表测量比较合适？

解：若用 150 V、0.5 级的电压表，可知测量的最大绝对误差为

$$\Delta x_{m1} = \pm 0.5\% \times 150 \text{ V} = \pm 0.75 \text{ V}$$

示值范围为 (10 ± 0.75) V，则测量的相对误差为

$$\gamma_{A1} = \frac{\pm 0.75}{10} \times 100\% = \pm 7.5\%$$

若用 15 V、1.5 级的电压表，可知测量的最大绝对误差为

$$\Delta x_{m2} = \pm 1.5\% \times 15 \text{ V} = \pm 0.225 \text{ V}$$

示值范围为 (10 ± 0.225) V，则测量的相对误差为

$$\gamma_{A2} = \frac{\pm 0.225}{10} \times 100\% = \pm 2.25\%$$

显然，应选用 15 V、1.5 级的电压表测量更为准确。

由此可见，测量中应根据被测量的大小合理选择仪器量程，并兼顾准确度等级，不能片面追求仪器的准确度等级。

2. 测量误差的来源

在一切实际测量中都存在一定的误差。产生误差的原因是多方面的，主要来源包括以下几个方面。

（1）仪器误差

由于仪器本身及其附件的电气和机械性能不完善而引入的误差称为仪器误差。仪器的零点漂移、刻度不准确和非线性等引起的误差以及数字化仪器的测量误差都属于此类。减小仪器误差的主要途径是，根据具体测量任务正确地选择测量方法和使用的测量仪器。

（2）理论误差和方法误差

由于测量所依据的理论不够严密或用近似公式、近似值计算测量结果所引起的误差称为理论误差。例如，峰值检波器的输出电压总是小于被测电压峰值所引起的峰值电压表的误差就属于理论误差。理论误差原则上可以通过理论分析和计算来加以消除或修正。

由于测量方法不适宜而造成的误差称为方法误差。如用低内阻的万用表测量高内阻电路的电压时所引起的误差就属于此类。方法误差可以通过改变测量方法来加

以消除或修正。

（3）影响误差

由于温度、湿度、振动、电源电压、电磁场等各种环境因素与仪器要求的条件不一致而导致的误差称为影响误差。如数字电压表技术指标中常单独给出温度影响误差。当环境条件符合要求时,影响误差可不予考虑。

（4）人身误差

由于测量人员的分辨力、视觉疲劳、不良习惯或缺乏责任心等因素引起的误差称为人身误差,如读错数字、操作不当等。减小人身误差的途径有:提高测量者的操作技能和工作责任心;采用更适合的测量方法;采用数字式显示器进行读数以及避免读数误差。

3.测量误差的判断和处理

根据误差的性质和特点,可将误差分为系统误差、粗大误差和随机误差三类。不同的误差采用不同的处理方法。

（1）系统误差的判断和处理

① 系统误差的定义及产生原因。系统误差是指等精度测量时,误差的数值保持恒定或以某种函数规律变化的误差。系统误差决定了测量的准确度。系统误差越小,测量结果越准确。系统误差产生的原因很多,但主要是仪器误差、理论误差和方法误差等。

② 系统误差的特点。

a.系统误差是一个恒定不变的值或者是确定的函数值。

b.多次重复测量,系统误差不能消除或者减少。

c.系统误差具有可控制性或修正性。

③ 系统误差的处理。系统误差可通过以下两种途径来消除:

a.消除系统误差产生的根源。在测量工作开始前,尽量消除产生误差的来源,或设法防止受到误差来源的影响,这是减小系统误差最好的方法,也是根本的方法。

b.采用典型测量技术消除系统误差。在测量过程中,可以采用一些专门的测量技术和测量方法来消除或减弱系统误差。这些技术和方法往往要根据测量的具体条件和内容来决定,如微差法、代替法和交换法等。

（2）粗大误差的判断和处理

① 粗大误差的定义和产生原因。粗大误差又称为疏失误差或粗差,是指在一定的测量条件下,测量值明显偏离实际值所造成的测量误差。

粗大误差是由于读数错误、记录错误、操作不正确、测量条件的意外改变等因素造成的。由于粗大误差明显歪曲测量结果,因此其测量值称为可疑数据或坏值,应予以剔除。

② 可疑数据的剔除方法。任何一次测量都规定有极限误差,以保证测量的准确度范围。剔除有限测量数据中的可疑数据,可按置信区间划分,即采用莱特准则。

（3）随机误差的估计和处理

① 随机误差的定义和产生原因。随机误差是指等精度测量同一量时,绝对值和符号均以不可预定的方式无规则变化的误差。

随机误差是不可预测和不可避免的,是许多因素造成的很多微小误差的总和,如测量仪器元器件产生的误差,或电源电压波动带来的误差等。

② 随机误差的特点。

a. 在多次测量中,绝对值小的误差出现的次数比绝对值大的误差出现的次数多。

b. 在多次测量中,绝对值相等的正误差与负误差出现的概率相同,即具有对称性。

c. 测量次数一定时,误差的绝对值不会超过一定的界限,即具有有界性。

d. 进行等精度测量时,随机误差的算术平均值的误差随着测量次数的增加而趋于零,即正负误差具有抵偿性。

③ 随机误差的处理原则。由于随机误差的抵偿性,理论上当测量次数 n 趋于无限大时,随机误差趋于零,但实际上不可能做到无限多次的测量。而从上述分析可知,当消除系统误差,又剔除粗大误差后,虽然仍有随机误差的存在,但多次测量值的算术平均值很接近被测量真值,因此,只要选择合适的测量次数,使测量精度满足要求,就可以将算术平均值作为最后的测量结果。

(4)测量误差的一般处理原则

① 除粗大误差较易判断和处理外,在任何一次测量中,系统误差和随机误差一般都是同时存在的,需根据各自对测量结果的影响程度做不同的处理。

② 系统误差远远大于随机误差的影响时,可忽略随机误差,按系统误差处理。若系统误差极小或已得到修正,则按随机误差处理。

③ 系统误差与随机误差相差不大,二者均不可忽略,应分别按不同的方法处理,然后估计其最终的综合影响。

0.2.4 测量结果的评价与处理

1. 测量结果的评价

对测量结果可采用正确度、精密度和准确度三种评价方法。

(1)正确度

正确度是指无穷多次重复测量的平均值与参考量值的一致程度。正确度是一个定性的概念,不是一个量,不能用数值表示。正确度说明测得值中系统误差大小的程度,不涉及随机误差。

(2)精密度

精密度是指在规定的条件下,对同一或类似被测对象重复测量所得示值或测得值之间的一致程度。精密度用来定量表示测量结果中随机误差大小的程度,反映了在规定条件下被测量的测得值之间的符合程度。

(3)准确度

准确度是指测量结果与被测量真值的一致程度。由于真值难以获得,故准确度也是一个定性概念。准确度是测量结果系统误差与随机误差的综合。在一定的测量条件下,总是力求测量结果尽量接近真值,即力求准确度高。

上述测量的正确度(表示系统误差大小)、精密度(表示随机误差大小)、准确度(表示系统误差和随机误差大小)等术语的含义可用图 0.2.1 表示。图中,空心点为测量值的最佳值,实心点为多次测量值。图 0.2.1(a)显示 x_i 的平均值与 A 相差不大,但数据比较分散,说明正确度高而精密度低。图 0.2.1(b)显示 x_i 的平均值与 A 相差较大,但数据集中,说明正确度低而精密度高。图 0.2.1(c)显示 x_i 的平均值与 A 相差很小,而且数据又集中,说明正确度和精密度都高,即准确度高。

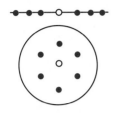
(a) 正确度高而精密度低

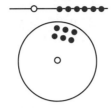
(b) 正确度低而精密度高

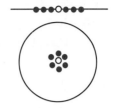
(c) 正确度和精密度都高

图 0.2.1 测量结果含义

2. 测量数据的处理

凡是测量得到的试验数据,都要先经过测量数据的整理再进行处理。整理试验数据的方法通常有误差位对齐法和有效数字表示法。

微课
测量结果的处理

(1)误差位对齐法

误差位对齐法是指测量误差的小数点后面有几位,则测量数据的小数点后也取几位。

例 0.6 用一块 0.5 级的电压表测量电压,当量程为 10 V 时,指针落在大约 8.5 V 附近区域。这时,测量数据应取几位?

解:该电压表在 10 V 量程内的最大绝对误差为

$$\Delta x_m = x_m \cdot (\pm S\%) = 10 \text{ V} \times (\pm 0.5\%) = \pm 0.05 \text{ V}$$

则测量值可为 8.49 V、8.51 V 等,即取小数点后 2 位。

(2)有效数字表示法

有效数字是指从最左边第一位非零数字算起,到含有误差的那位存疑数字为止的所有各位数字。对于有效数字位数的确定,需注意以下几点:

① 有效数字位与测量误差的关系。原则上可以从有效数字的末位估计出测量误差。一般规定,误差不超过有效数字末位单位的一半。如测量结果为 1.00 A,则测量误差不超过 ±0.005 A。

② "0" 在最左边为非有效数字。如 0.03 kΩ 中的两个 "0" 均为非有效数字。"0" 在最右边或在两非零数字之间均为有效数字,因此不得在数据的右边随意添加 "0"。如将 1.00 A 改为 1.000 A,则表示将误差极限由 0.005 A 改成了 0.000 5 A。

③ 有效数字不能因选用的单位变化而改变。如测量结果为 2.0 A,其有效数字为 2 位。如改用 mA 做单位,将 2.0 A 改写成 2 000 mA,则有效数字变成 4 位,这是错误的,应将 2.0 A 改写成 2.0×10^3 mA,此时它的有效数字仍为 2 位。

④ 舍入规则。若保留 n 位有效数字,对于 n 位以后余下的数,若其大于保留数字末位单位的一半,则舍去的同时在第 n 位加 1;若其小于保留数字末位单位的一半,则舍去的同时第 n 位不变;若其刚好等于保留数字末位单位的一半,满足求偶法则,即如第 n 位原为奇数则加 1 变为偶数,如第 n 位原为偶数则保持不变。

例 0.7 将下列数据舍入保留 3 位有效数字:

16.43→16.4   (0.03<0.1/2=0.05,舍去)

16.46→16.5　　（0.06>0.1/2=0.05,舍去且往前位加1）

16.35→16.4　　（0.05=0.1/2,3 为奇数,舍去且往前位加1）

16.45→16.4　　（0.05=0.1/2,4 为偶数,舍去）

16.450 1 →16.5（0.050 1>0.1/2=0.05,舍去且往前位加1）

3. 测量结果的表示方法

测量结果要正确反映被测量的真实大小和可信度。测量结果包括一定的数值(绝对值的大小及符号)和相应的计量单位。

有时为了说明测量结果的可信度,在表示测量结果时,还要同时注明其测量误差或范围,如(4.32 ± 0.01) V、(465 ± 1) kHz 等。

项目 1
零件的测量与检验

元器件等零件的进厂检验在电子产品过程中占有关键和重要的地位，因为元器件是电子产品的基本组成单元，所以对元器件等零件的测量与检验必须严格要求。

工厂在生产前应对外购或定制的结构件、零件、部件、元器件按照检验工艺要求进行检验，并做好检验记录，填写好检验报告。对于合格的产品，应做好标识送入仓库。仓库根据生产任务单发料，车间根据生产任务单领取材料进行生产。

📖 知识目标

（1）理解电阻器、电容器、电感器的电路模型，元件参数的测量原理和测量方法；

（2）掌握万用表、万能电桥、数字电桥（LCR 测试仪）、晶体管特性图示仪的原理和使用方法；

（3）掌握测量误差的分析、计算和测量结果的表示方法；

（4）熟悉元器件的检验标准和规范；

（5）熟悉抽样标准。

☑ 能力目标

（1）能够根据电阻器、电容器、电感器、二极管、三极管的验收标准，制定检验方案，编写检验记录单；

（2）能够组建测试系统，使用万用表、万能电桥、数字电桥（LCR 测试仪）、晶体管特性图示仪测量元器件的参数；

（3）能够根据抽样方案，合理进行抽样；

（4）能够正确填写检验记录单；

（5）能够根据检验记录单判别元器件品质；

（6）能够对仪器进行日常维护、保养和维修；

（7）能够根据被测参数，选择合适的测量仪器。

⚓ 素质目标

（1）能够自觉维护工作场所的正常秩序，安全、文明生产，具有严谨细致的工作作风；

（2）能够仔细观察、独立思考、自主学习；

（3）能够阅读中、英文技术资料；

（4）能够主动与人合作和交流。

任务 1

电阻器的进厂检验

教学课件
电阻器的进厂检验

任务目标

① 能够熟悉进厂检验基本知识和进厂检验流程;
② 能够掌握抽样检验的抽样方案;
③ 能够掌握进厂检验的工艺规范要求;
④ 能够根据电阻器验收标准,制定检验方案,编写电阻器检验记录单,且结构合理;
⑤ 能够组建测试系统,使用万用表测量电阻器的参数;
⑥ 能够根据抽样方案,合理进行抽样;
⑦ 能够正确填写检验记录单;
⑧ 能够根据检验记录单判别电阻器品质;
⑨ 能够对万用表进行日常维护、保养和维修;
⑩ 能够根据被测参数,选择合适的测量仪器。

任务实施

子任务:完成电阻器的入库验收。

任务描述:某电子公司购买一批(3 000 个)电阻器,按检验流程(确定检验标准;确定抽样方案;测量样本参数;进行比较和判断)完成电阻器的测量与检验,并做出接收/拒收的判定。

任务要求:

① 设计电阻器的检验记录单和测量任务单;
② 使用万用表完成电阻器的测量;
③ 填写检验记录单和测量任务单。

任务指导

1.1 进厂检验的基础知识

企业在日常的批量生产中,由于元器件数量非常庞大,对每个元器件进行检验在时间和经济上均不可行,因此,如何控制大批量产品的质量成为一个突出的问题。将统计学方法和概率学原理应用到检验的实践中,便诞生了抽样技术,企业称此为来料质量控制(IQC)。即按照抽样标准,对一部分元器件进行检验,从而确认整体元器件的质量水平是否符合要求。

1.1.1 进厂检验的步骤和分类

进厂检验(又称为来料检验)一般分为检验前的准备、整体检查、抽样、单品检验、综合判定等步骤。其中,准备阶段需要准备好公司的程序文件(如 IQC 来料检验规范)以及设计参数资料及抽样检验标准(如 GB/T 2828.1—2012 和 GB/T 2829—2002)、测试工具及仪表;整体检查时主要观察来料的外包装是否完整,标签是否清楚、正确,内包装是否完好,数量及装箱是否正确;接着根据来料的特点及要求进行抽样;再对单件样品进行外观尺寸、功能、可靠性检查;最后根据检查结果判定来料是否合格。

来料检验可以分为常规检验和型式试验。常规检验是指在一定的经验基础上进行的一种日常的、非全部项目的检验工作,一般包括外观质量检验、电气性能检验、焊接性能检验。而型式试验是指在常规检验的基础上全面验证元器件是否合格的检验工作。

1.1.2 进厂检验常见不良

进行进厂检验时,经常会遇到各种各样的不良情况。检验时通常要从来料整体和抽样样品两方面进行检查。就整体来说,常见不良主要有来料错、数量错、表示错、包装乱等。而对抽样样品来说,常见不良主要分为外观不良和功能不良两大类。

其中,外观不良项目较多,从检验的内容看,不良情形具体如下。

① 包装不良:外包装破损,未按要求包装(如没有按要求进行真空包装等),料盘、料带不良(如料盘变形、破裂;料带薄膜黏性过强使机器难卷起,易撕裂、撕断;料带薄膜黏性弱,易松开使元器件掉出等),摆放凌乱等。

② 标示不良:无标示,漏标示,标示错(如多字符、少字符、错字符等),标示不规范(如未统一位置、未统一标示方式)、不对应(如有实物无标示,即多箱物料乱装)等。

③ 尺寸不良:相关尺寸或大或小超出要求公差,包括长、宽、高、孔径、曲度、厚度、角度、间隔等。

④ 装配不良:装配紧、装配松、离缝、不匹配等。

⑤ 表面处理不良:破裂、残缺、刮花、划伤、针孔、洞穿、剥离、压伤、印痕、凹凸、变形、折断等。

功能不良主要体现在因原材料不同而引起的功能特性（如标称值、误差值、耐压值、温湿度特性、高温特性等方面）的不良。

1.2　进厂检验的抽样方案

微课
进厂检验的抽样方案

抽样检验是从一批产品中随机抽取一部分产品进行检验，根据对部分产品（样本）检验结果的数据对整批产品给出是否合格的判断。当产品批量较大或需要进行破坏性检查时，通常采用 GB/T 2828.1—2012/ISO 2859-1:1999《计数抽样检验程序　第1部分:按接收质量限（AQL）检索的逐批检验抽样计划》规定的方式进行抽样检验。

1.2.1　一次抽样方案

计数检验是按照规定的一个或一组要求，仅将产品划分为合格或不合格，仅计算单位产品中的不合格数。计数抽样方案是一组特定的规则，用于对批进行检验、判定。计数抽样方案包括批量 N、样本量 n、接收数 Ac 和拒收数 Re，记为 $[N, n, Ac, Re]$，执行规则如图 1.2.1 所示。

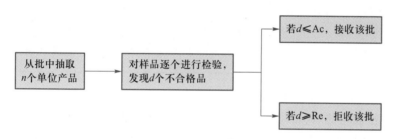

图 1.2.1　一次抽样方案执行规则

1.2.2　一次抽样方案检索

1. 确定样本量字码

根据给定的批量 N 和规定的检验水平，使用表 1.2.1 所示的样本量字码表检索或查找适用的样本量字码，一次抽样方案检索样本量字码流程如图 1.2.2 所示。

图 1.2.2　一次抽样方案检索样本量字码流程

其中，检验水平标志着检验量。对于一般的使用，表 1.2.1 中给出了 3 个一般检验水平 Ⅰ、Ⅱ 和 Ⅲ。除非另有规定，一般宜使用 Ⅱ 水平；当要求鉴别力较低时，可使用 Ⅰ 水平；当要求鉴别力较高时，可使用 Ⅲ 水平。表 1.2.1 中还给出了另外 4 个特殊检验水平 S-1、S-2、S-3 和 S-4，可用于样本量必须相对小而且能容许较大抽样风险的情形。

表 1.2.1　样本量字码表

批量	特殊检验水平				一般检验水平		
	S-1	S-2	S-3	S-4	Ⅰ	Ⅱ	Ⅲ
2~8	A	A	A	A	A	A	B
9~15	A	A	A	A	A	B	C
16~25	A	A	B	B	B	C	D
26~50	A	B	B	C	C	D	E
51~90	B	B	C	C	C	E	F
91~150	B	B	C	D	D	F	G
151~280	B	C	D	E	E	G	H
281~500	B	C	D	E	F	H	J
501~1 200	C	C	E	F	G	J	K
1 201~3 200	C	D	E	G	H	K	L
3 201~10 000	C	D	F	G	J	L	M
10 001~35 000	C	D	F	H	K	M	N
35 001~150 000	D	E	G	J	L	N	P
150 001~500 000	D	E	G	J	M	P	Q
500 001 及以上	D	E	H	K	N	Q	R

2. 查正常检验一次抽样方案(主表)

对于一个规定的 AQL 和一个给定的批量 N,应使用 AQL 和样本量字码的同一组合,从表 1.2.2 所示的正常检验一次抽样方案(主表)中检索,即可得到一次抽样方案的 n、Ac、Re。如果样本中发现的不合格品数小于或等于接收数 Ac,应认为该批是可接收的;如果样本中发现的不合格品数大于或等于拒收数 Re,应认为该批是不可接收的。一次抽样方案检索流程如图 1.2.3 所示。

图 1.2.3　一次抽样方案检索流程

检索方法:得到样本量字码后,在正常检验一次抽样方案(主表)中由该字码所在行向右,在样本量栏内读出样本量 n;再以样本量字码所在行和指定的接收质量限(AQL)所在列相交处,读出接收数 Ac 和拒收数 Re;若在相交处是箭头,则沿着箭头方向读出箭头所指的第一个接收数 Ac 和拒收数 Re,然后由此接收和拒收数所在行向左,在样本量栏内读出相应的样本量 n。

表 1.2.2　正常检验一次抽样方案（主表）

接收质量限（AQL）

样本量字码	样本量	0.010 Ac Re	0.015 Ac Re	0.025 Ac Re	0.040 Ac Re	0.065 Ac Re	0.10 Ac Re	0.15 Ac Re	0.25 Ac Re	0.40 Ac Re	0.65 Ac Re	1.0 Ac Re	1.5 Ac Re	2.5 Ac Re	4.0 Ac Re	6.5 Ac Re	10 Ac Re	15 Ac Re	25 Ac Re	40 Ac Re	65 Ac Re	100 Ac Re	150 Ac Re	250 Ac Re	400 Ac Re	650 Ac Re	1000 Ac Re
A	2	↓	↓	↓	↓	↓	↓	↓	↓	↓	↓	↓	↓	↓	↓	↓	↓	0 1	1 2	2 3	3 4	5 6	7 8	10 11	14 15	21 22	30 31
B	3	↓	↓	↓	↓	↓	↓	↓	↓	↓	↓	↓	↓	↓	↓	↓	0 1	1 2	2 3	3 4	5 6	7 8	10 11	14 15	21 22	30 31	44 45
C	5	↓	↓	↓	↓	↓	↓	↓	↓	↓	↓	↓	↓	↓	↓	0 1	1 2	2 3	3 4	5 6	7 8	10 11	14 15	21 22	30 31	44 45	↑
D	8	↓	↓	↓	↓	↓	↓	↓	↓	↓	↓	↓	↓	↓	0 1	1 2	2 3	3 4	5 6	7 8	10 11	14 15	21 22	30 31	44 45	↑	↑
E	13	↓	↓	↓	↓	↓	↓	↓	↓	↓	↓	↓	↓	0 1	1 2	2 3	3 4	5 6	7 8	10 11	14 15	21 22	30 31	44 45	↑	↑	↑
F	20	↓	↓	↓	↓	↓	↓	↓	↓	↓	↓	↓	0 1	1 2	2 3	3 4	5 6	7 8	10 11	14 15	21 22	30 31	44 45	↑	↑	↑	↑
G	32	↓	↓	↓	↓	↓	↓	↓	↓	↓	↓	0 1	1 2	2 3	3 4	5 6	7 8	10 11	14 15	21 22	30 31	44 45	↑	↑	↑	↑	↑
H	50	↓	↓	↓	↓	↓	↓	↓	↓	↓	0 1	1 2	2 3	3 4	5 6	7 8	10 11	14 15	21 22	30 31	44 45	↑	↑	↑	↑	↑	↑
J	80	↓	↓	↓	↓	↓	↓	↓	↓	0 1	1 2	2 3	3 4	5 6	7 8	10 11	14 15	21 22	30 31	44 45	↑	↑	↑	↑	↑	↑	↑
K	125	↓	↓	↓	↓	↓	↓	↓	0 1	1 2	2 3	3 4	5 6	7 8	10 11	14 15	21 22	30 31	44 45	↑	↑	↑	↑	↑	↑	↑	↑
L	200	↓	↓	↓	↓	↓	↓	0 1	1 2	2 3	3 4	5 6	7 8	10 11	14 15	21 22	30 31	44 45	↑	↑	↑	↑	↑	↑	↑	↑	↑
M	315	↓	↓	↓	↓	↓	0 1	1 2	2 3	3 4	5 6	7 8	10 11	14 15	21 22	30 31	44 45	↑	↑	↑	↑	↑	↑	↑	↑	↑	↑
N	500	↓	↓	↓	↓	0 1	1 2	2 3	3 4	5 6	7 8	10 11	14 15	21 22	30 31	44 45	↑	↑	↑	↑	↑	↑	↑	↑	↑	↑	↑
P	800	↓	↓	↓	0 1	1 2	2 3	3 4	5 6	7 8	10 11	14 15	21 22	30 31	44 45	↑	↑	↑	↑	↑	↑	↑	↑	↑	↑	↑	↑
Q	1 250	↓	↓	0 1	1 2	2 3	3 4	5 6	7 8	10 11	14 15	21 22	30 31	44 45	↑	↑	↑	↑	↑	↑	↑	↑	↑	↑	↑	↑	↑
R	2 000	↓	0 1	1 2	2 3	3 4	5 6	7 8	10 11	14 15	21 22	30 31	44 45	↑	↑	↑	↑	↑	↑	↑	↑	↑	↑	↑	↑	↑	↑

↓——使用箭头下面的第一个抽样方案，如果样本量等于或超过批量，则执行 100% 检验。

↑——使用箭头上面的第一个抽样方案。

Ac——接收数。

Re——拒收数。

1.3 万用表中的电阻挡

1.3.1 模拟式指针万用表中的欧姆挡

1. 测量原理

图1.3.1所示为模拟式指针万用表中欧姆挡的测量原理电路。考虑到万用表测电阻要与测电压、电流共用表笔，黑表笔为公共端（COM），红表笔为测电压、电流的正端，故电池极性必须按图中的接法，才能保证指针顺时针偏转。这时，红表笔连接到电池负极。

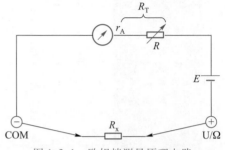

图1.3.1　欧姆挡测量原理电路

由图1.3.1可以看出，当$R_x = 0$时，相当于红、黑表笔短路，调节万用表内阻R_T（包含表头内阻r_A和可调电阻R）使表头中电流达最大值，指针指示的刻度应是0。

当$R_x = \infty$时，相当于开路，表头中的电流值为0，指针指示的刻度是∞。

当$0 < R_x < \infty$时，表头中的电流值应为

$$I = \frac{E}{R_T + R_x} = \frac{E}{R_T\left(1 + \dfrac{R_x}{R_T}\right)} = \frac{I_m}{\left(1 + \dfrac{R_x}{R_T}\right)}$$

由上式可以看出，I与R_x是非线性关系，因此欧姆表盘刻度不均匀。

当$R_x = R_T$时，$I = \dfrac{I_m}{2}$，指针将处于表盘中央，故将R_T称为中值电阻。可以证明，这时测量误差最小。

2. 欧姆挡量程

图1.3.2所示为模拟式指针万用表欧姆挡表盘，欧姆挡能从0测到∞，好像不用换量程。但仔细研究就会发现，表盘左端刻度太密，读数难以分辨，因此欧姆挡配有量程调节，以满足各种电阻值测量读数的精度要求。

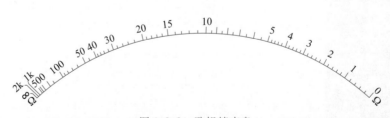

图1.3.2　欧姆挡表盘

使用万用表的欧姆挡时，若更换量程，其内阻（即中值电阻）也会相应地变换。表1.3.1所示为某万用表欧姆挡量程与中值电阻的关系。当测量大电阻时，中值电阻$R_T = 100\ \text{k}\Omega$，要保证电流能达到满刻度值，需更换高电压电池。

表 1.3.1 某万用表欧姆挡量程与中值电阻的关系

中值电阻 R_T	10 Ω	100 Ω	1 kΩ	10 kΩ	100 kΩ
量程（读数倍乘）	×1 Ω	×10 Ω	×100 Ω	×1 kΩ	×10 kΩ
电池电压 E	1.5 V	1.5 V	1.5 V	1.5 V	9 V

3. 欧姆挡的使用

模拟式指针万用表的欧姆挡经常用来测量电阻器、二极管、三极管等元器件,使用时要注意以下三点。

① 调零:由于万用表中干电池的新旧不同,因此,要保证 $R_x = 0$ 时指针能对准 0 Ω,在测量前要进行调零,即将两表笔短路,调整电表的调零旋钮,使电流达到最大值,指针对准 0 Ω。应当指出,实际调零电路要比图 1.3.1 所示的原理电路稍复杂些,以保证在调零过程中保持中值电阻基本不变。

② 极性:测量二极管和三极管时,要注意红表笔对应的是内部电池的负极。

③ 量程:不同量程对应的中值电阻不同,相应的测量电流大小也不同。例如,经常会用×1 kΩ 挡测二极管和三极管,是由于这时中值电阻为 10 kΩ,相应的最大电流 $I = 1.5\ \text{V}/10\ \text{kΩ} = 150\ \mu\text{A}$,不会损坏二极管和三极管。若用×1 Ω 挡,这时中值电阻为 10 Ω,相应的最大电流为 $I = 1.5\ \text{V}/10\ \text{Ω} = 150\ \text{mA}$,则可能损坏二极管和三极管。

1.3.2 数字多用表中的电阻挡

使用数字多用表中的电阻挡测量电阻的基本原理如图 1.3.3 所示。利用运算放大器组成一个多值恒流源,实现多量程电阻测量,其量程、电流、电压值关系如表 1.3.2 所示。恒流 I 通过被测电阻 R_x,由数字电压表（DVM）测出其端电压 U_x,则 $R_x = U_x / I$。

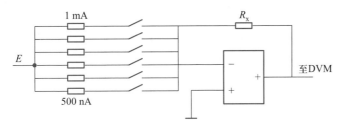

图 1.3.3 数字多用表电阻挡测量电阻的基本原理

表 1.3.2 数字多用表量程、电流、电压值关系

量程	测试电流值	满刻度电压值
200 Ω	1 mA	0.2 V
2 kΩ	1 mA	2.0 V
20 kΩ	100 μA	2.0 V
200 kΩ	10 μA	2.0 V
2 000 kΩ	5 μA	10.0 V
20 MΩ	500 nA	10.0 V

电容器、电感器的进厂检验

任务目标

① 能够根据电容器、电感器的验收标准,制定检验方案,编写电容器、电感器的检验记录单;

② 能够根据抽样方案,合理进行抽样;

③ 能够组建测试系统,并使用万能电桥、数字电桥(LCR 测试仪)测量电容器、电感器的参数;

④ 能够正确填写检验记录单;

⑤ 能够根据检验记录单判别电容器、电感器的品质;

⑥ 能够对万能电桥、数字电桥(LCR 测试仪)进行日常维护、保养;

⑦ 能够根据被测参数选择合适的测量仪器;

⑧ 能够主动与人合作和交流。

任务实施

子任务:完成电容器和电感器的入库验收。

任务描述:某电子公司购买一批(3 000 个)电容器和一批(3 000 个)电感器,按检验流程(确定检验标准;确定抽样方案;测量样本参数;进行比较和判断)完成电容器和电感器的测量与检验,并做出接收/拒收的判定。

任务要求:

① 设计电容器和电感器的检验记录单和测量任务单;

② 使用万能电桥、数字电桥(LCR 测试仪)完成电容器和电感器的测量;

③ 填写检验记录单和测量任务单。

任务指导

2.1   集总元件参数简介

在电子技术中,集总元件包括电阻器、电容器和电感器。集总元件参数是指电阻器的电阻值、电容器的电容值和损耗因数 D、电感器的电感值和品质因数 Q。

2.1.1   电阻器

微课
电阻器

理想电阻器是纯电阻元件,即不含电抗分量,流过它的电流与其两端的电压同相。

实际电阻器总存在一定的寄生电感和分布电容,其等效电路如图 2.1.1 所示。在低频工作状态下(包括直流工作时),由于寄生感抗很小、分布容抗很大,所以寄生感抗、分布容抗均可以忽略不计,但在高频工作状态下必须考虑其影响。

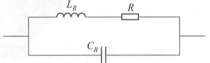

图 2.1.1   实际电阻器的等效电路

2.1.2   电容器

微课
电容器

实际电容器也不可能是理想的纯电容,还存在引线电感和损耗电阻(包括漏电阻及介质损耗等)。在频率不太高的情况下,由于引线电感的感抗很小,因此可忽略不计。实际电容器的等效电路如图 2.1.2 所示。图中 R_{CS} 为电容器的等效串联损耗电阻,R_{CP} 为电容器的等效并联损耗电阻。电容器的损耗大小通常用损耗因数 D(或 $\tan\delta$,δ 为电容器的损耗角)表示。

(a) 串联等效电路   (b) 并联等效电路

图 2.1.2   实际电容器的等效电路

对于图 2.1.2(a),有
$$D = \tan\delta = \frac{R_{CS}}{X_C} = \omega C R_{CS}$$

对于图 2.1.2(b),有
$$D = \tan\delta = \frac{X_C}{R_{CP}} = \frac{1}{\omega C R_{CP}}$$

式中,X_C 为电容器的容抗;ω 为角频率。

空气电容器的损耗因数较小,有 $D < 10^{-3}$;一般介质电容器的损耗因数为 $10^{-4} \leqslant D \leqslant 10^{-2}$;电解电容器的损耗因数较大,有 $10^{-2} \leqslant D \leqslant 2 \times 10^{-1}$。

2.1.3   电感器

微课
电感器

实际的电感器也不可能是理想的纯电感,还存在损耗电阻和分布电容。在频率不太高的情况下,分布电容的影响可以忽略不计。实际电感器的等效电路如图 2.1.3 所示。图中 R_{LS} 为电感器的等效串联损耗电阻,R_{LP} 为电感器的等效并联损耗电阻。电感器的损耗大小通常用品质因数 Q 表示。

(a) 串联等效电路　　　　　　(b) 并联等效电路

图 2.1.3　实际电感器的等效电路

对于图 2.1.3(a),有
$$Q = \frac{X_L}{R_{LS}} = \frac{\omega L}{R_{LS}}$$

对于图 2.1.3(b),有
$$Q = \frac{R_{LP}}{X_L} = \frac{R_{LP}}{\omega L}$$

式中,X_L 为电感器的感抗。

电感器的 Q 值越大,说明损耗越小;反之则损耗越大。空心线圈及带高频磁芯的线圈(电感器)的 Q 值较高,一般为几十至一二百;带铁芯的线圈(电感器)的 Q 值较低,一般小于 10。

2.2　电桥法

工作在低频状态下的集总元件可以使用电桥法测量。电桥法是一种比较测量法,它把被测量与同类性质的已知标准量相比较,从而确定被测量的大小。利用电桥法原理制成的测量仪器称为电桥。而同时具备电阻器、电容器和电感器测量功能的电桥称为万能电桥(或万用电桥)。

2.2.1　电桥的平衡条件

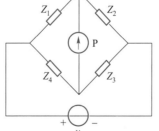

图 2.2.1 所示为常见的四臂电桥电路。图中,4 个阻抗元件 $Z_1 \sim Z_4$ 称为桥臂,组成电桥电路;u_s 为信号源;P 为指零仪,用于指示电桥的平衡状态。电桥平衡时,指零仪 P 指示为零,即其中没有电流流过。

理论分析和试验都证明电桥的平衡条件为
$$Z_1 Z_3 = Z_2 Z_4$$
即相对两个桥臂的阻抗乘积相等。这里 $Z_1 \sim Z_4$ 为复阻抗,所以上式亦可写为
$$|Z_1||Z_3|e^{j(\varphi_1+\varphi_3)} = |Z_2||Z_4|e^{j(\varphi_2+\varphi_4)}$$
即
$$|Z_1||Z_3| = |Z_2||Z_4|$$
$$\varphi_1 + \varphi_3 = \varphi_2 + \varphi_4$$

图 2.2.1　四臂电桥电路

可见,一般情况下电桥的平衡条件有两个,一是振幅平衡条件,二是相位平衡条件,两个条件必须同时满足。仅当 4 个桥臂均为纯电阻时,只要满足振幅平衡条件即可。

利用电桥的平衡条件,可将被测量与同类性质的已知标准量相比较,从而确定被

微课
电桥的平衡条件

测量的大小。例如,若 Z_4 为被测元件,则有

$$Z_4 = \frac{Z_1 \cdot Z_3}{Z_2}$$

为操作方便,可使 Z_1、Z_2、Z_3 中的一个作为调节电桥平衡的可调元件,另外两个作为固定元件。为简化电路,固定元件以纯电阻为标准元件,可调元件则用标准电阻器和电容器串联或并联实现。

当将 Z_3 作为调节电桥平衡的可调元件时,Z_1 和 Z_2 为固定元件,且 Z_1/Z_2 为定值,这种电桥称为臂比电桥,常用于测量高阻抗元件。当将 Z_2 作为可调元件时,Z_1 和 Z_3 为固定元件,且 Z_1Z_3 为定值,这种电桥称为臂乘电桥,常用于测量低阻抗元件。

电桥的指零仪是一个关键部件,其灵敏度越高,越能反映出被测元件值的差异。

在实际的测量仪器中,为简化仪器结构,常采用电阻 R 和电容 C 作为可调元件,并且很多电桥均以纯电阻作为标准元件。在测量电容器时使可调元件与被测元件作为相邻臂接入,组成臂比电桥;在测量电感器时使可调元件与被测元件作为相对臂接入,组成臂乘电桥。这样,仪器内部的3个桥臂所用的标准元件可以根据实际测量需要进行互换,测量时通过开关电路进行转换。

微课
海氏电桥的平衡
条件

例2.1 试推导图2.2.2所示海式电桥的平衡条件。

解:图2.2.2所示,电桥的平衡方程为

$$\left(\frac{1}{\frac{1}{j\omega L_x} + \frac{1}{R_x}} \right) \left(\frac{1}{j\omega C_S} + R_S \right) = R_2 R_4$$

$$\frac{1}{j\omega C_S} + R_S = R_2 R_4 \left(\frac{1}{j\omega L_x} + \frac{1}{R_x} \right)$$

根据复数相等条件,上式两边的实部与虚部分别相等,得

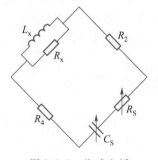

图 2.2.2 海式电桥

$$\frac{1}{j\omega C_S} = R_2 R_4 \frac{1}{j\omega L_x}$$

$$R_S = R_2 R_4 \frac{1}{R_x}$$

即

$$R_x = \frac{R_2 R_4}{R_S}$$

$$L_x = R_2 R_4 C_S$$

$$Q_x = \frac{R_x}{\omega L_x} = \frac{1}{\omega R_S C_S}$$

2.2.2 万能电桥的原理

万能电桥可用于测量电阻器、电容器和电感器,其基本组成如图2.2.3所示,包括桥体、测量用信号源(振荡器)、选频放大器、检波器和指零仪。桥体是电桥的核心部分,由标准电阻器、标准电容器和转换开关组成。在测量时,通过切换开关将电桥内的标准电阻器、标准电容器与被测元件组合成不同的电桥,以满足不同的测量要求。

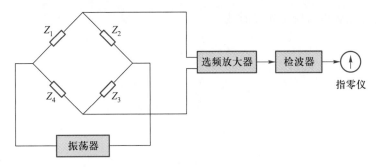

图 2.2.3　万能电桥的基本组成

1. 测量电阻器

测量电阻器时多采用惠斯通电桥,如图 2.2.4 所示。

惠斯通电桥的平衡条件为

$$R_x = \frac{R_2 R_4}{R_3}$$

式中,R_2、R_3 为固定电阻器;R_4 为可调标准电阻器。可见,利用惠斯通电桥可方便地测得被测电阻 R_x 的值。

这里 4 个桥臂元件均为纯电阻,故测量信号源 u_s 可以采用直流电源,指零仪可用检流计,组成的电桥称为直流电桥。但在测量低阻值电阻器时,经常会采用仪器内部的低频信号源作为测量信号源,以提高测量灵敏度。

2. 测量电容器

测量电容器时采用串联电容比较电桥或并联电容比较电桥,如图 2.2.5 所示。

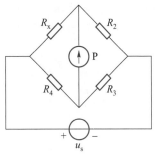

图 2.2.4　惠斯通电桥

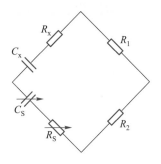

(a) 串联电容比较电桥

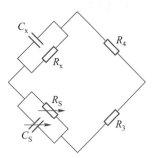

(b) 并联电容比较电桥

图 2.2.5　测量电容器的电桥

串联电容比较电桥的平衡条件为

$$C_x = \frac{R_2}{R_1} C_S$$

$$R_x = \frac{R_1}{R_2} R_S$$

$$D_x = \omega R_x C_x = \omega R_S C_S$$

并联电容比较电桥的平衡条件为

$$C_x = \frac{R_3}{R_4} C_S$$

$$R_x = \frac{R_4}{R_3} R_S$$

$$D_x = \frac{1}{\omega R_x C_x} = \frac{1}{\omega R_S C_S}$$

以上两类电桥中,前者适用于测量损耗小的电容器,后者适用于测量损耗大的电容器。由于桥臂元件包含有电抗元件,故信号源 u_s 应是交流电源,实际多采用音频电源。指零仪应能响应交流信号,多采用晶体管检流计,即通过交流放大和检波后由电表指示。因为电桥电路只能对一个频率的信号平衡,故要求信号源波形的谐波失真度应尽量小,才能获得较好的平衡指示。这类电桥称为交流电桥。

3．测量电感器

测量电感器时可采用麦克斯韦-文氏电桥或海氏电桥,如图 2.2.6 所示。

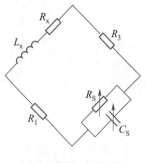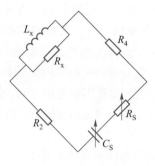

(a) 麦克斯韦-文氏电桥　　　　　　　　　　(b) 海氏电桥

图 2.2.6　测量电感器的电桥

麦克斯韦-文氏电桥的平衡条件为

$$L_x = R_1 R_3 C_S$$

$$R_x = \frac{R_1 R_3}{R_S}$$

$$Q_x = \frac{\omega L_x}{R_x} = \omega R_S C_S$$

海氏电桥的平衡条件为

$$L_x = R_2 R_4 C_S$$

$$R_x = \frac{R_2 R_4}{R_S}$$

$$Q_x = \frac{R_x}{\omega L_x} = \frac{1}{\omega R_S C_S}$$

以上两类电桥中,前者适用于测量 Q 值较低的电感器,后者适用于测量 Q 值较高的电感器。它们都是交流电桥。

微课
万能电桥测量
电感器

参考资料
QS18A 型万能电桥
说明书

2.3　电桥法测量仪器典型产品介绍

2.3.1　万能电桥

　　QS18A 型万能电桥是一台携带方便、使用简单的音频交流电桥,仪器内部附有晶体管 1 kHz 振荡器、选频放大器和指示电表,可用来测量电容器、电感器和电阻器等元件,是工矿企业和电气维修部门进行一般测量的良好设备。

　　QS18A 型万能电桥主要由桥体、交流电源(晶体管振荡器)、晶体管检流计三部分组成。其中,桥体是该仪器的核心部件,使用时通过转换开关切换,可分别组成惠斯通电桥、串联电容比较电桥和麦克斯韦-文氏电桥,用以测量电阻器、电容器及电感器。测量电阻器时,量程 1 Ω 和 10 Ω 挡的电源使用机内的 1 kHz 振荡信号;其他量程挡的电源改用机内 9 V 干电池。使用干电池作为电源时,桥体输出的直流信号通过调制电路变为交流信号,再由晶体管检流计指示,这样可以提高测量灵敏度。

1. 面板说明

　　QS18A 型万能电桥的面板如图 2.3.1 所示。

微课
QS18A 型万能电桥
面板说明

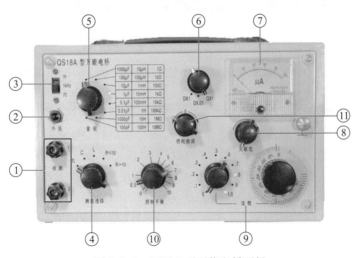

图 2.3.1　QS18A 型万能电桥面板

图 2.3.1 中各部分含义如下。

①—"被测 1、2"接线柱:用于连接被测元件。

②—"外接"插孔:用于外接音频电源。

③—"外、内、1kHz"拨动开关:用于选择桥体的工作电源。

④—"测量选择"开关:用于确定电桥的测量内容。测量完毕,此开关应置于"关",以降低机内干电池的损耗。

⑤—"量程"开关:用于确定测量范围。面板上各示值是指电桥读数在满刻度时的最大值。

⑥—"DX1、DX.01、QX1"开关:损耗倍率开关。测量空心线圈时,此开关宜置于"QX1",此时损耗倍率开关指示值为1;测量小损耗电容器时,此开关宜置于"DX.01",此时损耗倍率开关指示值为0.01;测量大损耗电容器时,此开关宜置于"DX1",此时损耗倍率开关指示值为1;测量电阻器时,此开关不起作用。

⑦—指示电表:用于指示电桥的平衡状况,当电桥平衡时,电表指示为零。

⑧—"灵敏度"旋钮:用于控制电桥放大器的放大倍数。刚开始测量时,应降低灵敏度,随后再逐渐提高,进行电桥平衡调节。

⑨—"读数"旋钮:由粗调旋钮及细调旋钮组成,用于调节电桥的平衡状态。电桥平衡时,由这两个读数盘配合量程读出被测元件数值。

⑩—"损耗平衡"旋钮:用于指示被测元件(电容器或电感器)的损耗因数或品质因数。本旋钮读数与损耗倍率开关指示值的乘积即为被测元件的损耗因数或品质因数。

⑪—"损耗微调"旋钮:用于细调平衡时的损耗,一般情况下应置于"0"位。

2. 使用方法

动画
万能电桥测量
电容器

(1)测量电容器

估计被测电容量的大小,将"量程"开关置于合适位置,"测量选择"开关置于"C",损耗倍率开关置于合适位置(测量一般电容器时置于"DX.01",测量电解电容器时置于"DX1"),"损耗平衡"旋钮置于1,"损耗微调"旋钮逆时针旋转到底。将"灵敏度"旋钮逐步增大,反复调节"读数"及"损耗平衡"旋钮,使电桥平衡。当电桥平衡时,被测量 C_x、D_x 分别为

$$C_x = \text{"量程"开关指示值} \times \text{"读数"旋钮指示值}$$

$$D_x = \text{损耗倍率开关指示值} \times \text{"损耗平衡"旋钮指示值}$$

动画
万能电桥测量
电感器

(2)测量电感器

估计被测电感量的大小,将"量程"开关置于合适位置,"测量选择"开关置于"L",损耗倍率开关置于合适位置(测量空心线圈时置于"QX1",测量高 Q 值滤波线圈时置于"DX.01",测量铁芯电感线圈时置于"DX1"),"损耗平衡"旋钮置于1,"损耗微调"旋钮逆时针旋转到底。将"灵敏度"旋钮逐步增大,反复调节"读数"及"损耗平衡"旋钮,使电桥平衡。当电桥平衡时,被测量 L_x 为

$$L_x = \text{"量程"开关指示值} \times \text{"读数"旋钮指示值}$$

被测量 Q_x 有两种情况,当损耗倍率开关置于"QX1"时,有

$$Q_x = \text{损耗倍率开关指示值} \times \text{"损耗平衡"旋钮指示值}$$

当损耗倍率开关置于"DX1"或"DX.01"时,有

$$Q_x = 1/(\text{损耗倍率开关指示值} \times \text{"损耗平衡"旋钮指示值})$$

(3)测量电阻器

估计被测电阻值的大小,将"量程"开关、"测量选择"开关置于合适位置。如被测电阻值在 10 Ω 内,"量程"开关应置于"1Ω"或"10Ω","测量选择"开关应置于"R≤10";否则,"量程"开关应置于"100Ω"~"1MΩ","测量选择"开关应置于"R>10"。将"灵敏度"旋钮逐步增大,反复调节"读数"旋钮,使电桥平衡。当电桥平衡时,被测量 R_x 为

$$R_x = \text{"量程"开关指示值} \times \text{"读数"旋钮指示值}$$

2.3.2　数字电桥

参考资料
LCR-6000 系列数字电桥说明书

GW INSTEK LCR-6000 系列是一款多用途的数字电桥(LCR 测试仪),可用于实验室内 L、C、R 参数的测试,测试信号频率范围为 10 Hz ~ 300 kHz,测试信号电平有效值为 0.01 ~ 2 V,可以结合元件处理器和系统控制器完成自动元件的测试、整理和品质控制数据处理。

1. 面板说明

LCR-6000 系列数字电桥的面板如图 2.3.2 所示。

微课
LCR-6000 系列数字电桥面板说明

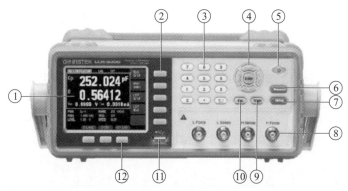

图 2.3.2　LCR-6000 系列数字电桥面板

图 2.3.2 中各部分含义如下。

①—显示屏,可同时显示设定参数及测量结果。

②—软键,对应显示功能的功能键。

③—数字键。

④—方向键。

⑤—电源开关。

⑥—测量键。

⑦—设置键。

⑧—四线制测量端子。

⑨—触发键。

⑩—Esc 键。

⑪—USB 接口。

⑫—系统功能键,可存储测试数据和画面。

2. 使用方法

(1)数字电桥中串联和并联的选择使用

数字电桥显示屏上有"串联"和"并联"按键供用户选择,此处的串联和并联指的并不是物理连接,而是内部计算模式,通过改变内部计算模式可以获得理想的测试精度。

理论上,在正弦波激励下,电感电压超前电流 90°,电容电压滞后电流 90°。而在实际测量中,由于铜导线电阻和各种损耗的存在,电压的超前或滞后都小于 90°。这种损耗在测量中以副参数出现,电感器的品质因数 Q 为损耗角正切值的倒数,电容器的损耗因数 D 为损耗角的正切值。在整个过程中,把电容和电感损耗的影响用等效电阻和电感或电容串并联的形式来表示,把电阻损耗的影响用电阻和小电感串联或电阻和小电容并联的形式来表示。

通常,数字电桥在并联模式(L_P、C_P)时采用恒压方式测量,而在串联模式(L_S、C_S)时采用恒流方式测量。一般针对小电容、大电感采用并联模式测量,针对大电容、小电感则采用串联模式测量。在理想情况下($D=0$),$L_P=L_S$,$C_P=C_S$。

如果想测量某一个元器件的值,还应考虑这个元器件在电路中的工作频率。选择该频率或接近的频率来测量,才能得到该元器件在电路中的真正值。而从实际应用的方面来考虑,可以归结出以下结论供使用者参考。

一般,被测阻抗小于 1 kΩ 采用串联模式;被测阻抗从 1 kΩ 到几十千欧时,采用串并联模式都可以,一般建议采用串联模式;被测阻抗大于几百千欧,或达到兆欧级时,采用并联模式。被测电容小于 1 μF 时,采用 1 kHz 并联模式;非电解电容大于或等于 1 μF 时,采用 100 Hz 并联模式;电解电容大于或等于 1 μF 时,采用 100 Hz 串联模式。电感小于 2 mH 时,采用串联 1 kHz 模式;电感大于 200 H 时,采用并联 120 Hz 模式。

同时,也应根据元件的实际使用情况来决定其等效电路,如对电容器,用于电源滤波时应使用串联等效电路,而用于 LC 振荡电路时应使用并联等效电路。

(2)测量实例

下面以测量陶瓷电容器为例介绍具体测量步骤。陶瓷电容器的测量条件如下:测量参数为 $C_S\text{-}D$,测试频率为 1 kHz,测试信号电平为 1 V。

步骤 1:开启数字电桥。

步骤 2:在 MEAS DISPLAY 界面设置测量条件。将光标移至 FUNC,选择 Cs-D;将光标移至 FREQ,输入 1 kHz;将光标移至 LEVEL,输入 1 V。

步骤 3:连接测试夹具。

步骤 4:校准,补偿测试夹具。

① 按 Measure 键和 OPEN SHORT 软键。

② 将光标移至 OPEN TEST 或 SPOT。

③ 夹具不要连接任何东西。

④ 按 MEAS OPEN 软键和 OK 软键,等待直至显示"Correction finished"信息。

⑤ 如果 OPEN 设为 OFF,按 ON 软键。

⑥ 将光标移至 SHORT TEST 或 SPOT。

⑦ 夹具连一根短路线。

⑧ 按 MEAS SHORT 软键和 OK 软键,等待直至显示"Correction finished"信息。

⑨ 如果 SHORT 设 为 OFF,按 ON 软键。

步骤 5:将被测电容器连到测试夹具。

步骤 6:按 Measure 键;持续内部触发完成测量,电容器 C_S 和 D 的测量值如图 2.3.3 所示。

图 2.3.3　数字电桥显示测量值

二极管、三极管的进厂检验

任务目标

① 能够根据二极管、三极管的验收标准,制定检验方案,编写二极管、三极管的检验记录单;

② 能够根据抽样方案,合理进行抽样;

③ 能够组建测试系统,使用晶体管特性图示仪测量二极管、三极管的参数;

④ 能够正确填写检验记录单;

⑤ 能够根据检验记录单判别二极管、三极管的品质;

⑥ 能够对晶体管特性图示仪进行日常维护、保养;

⑦ 能够根据被测参数,选择合适的测量仪器;

⑧ 能够主动与人合作和交流。

任务实施

子任务:完成二极管和三极管的入库验收。

任务描述:某电子公司购买一批(1 000 个)二极管和一批(1 000 个)三极管,按检验流程(确定检验标准;确定抽样方案;测量样本参数,进行比较和判断)完成二极管和三极管的测量与检验,并做出接收/拒收的判定。

任务要求:

① 设计二极管和三极管的检验记录单和测量任务单;

② 使用晶体管特性图示仪完成二极管和三极管的测量;

③ 填写检验记录单和测量任务单。

任务指导

3.1   电子元器件参数测量仪器的基础知识

3.1.1   半导体分立器件测量仪器

半导体分立器件主要包括二极管、三极管、场效应管、晶闸管及光电子器件等。通常一种仪器只能测量几类器件的部分参数,根据所测参数的类型,半导体分立器件测量仪器大致可分为以下四种。

① 直流参数测量仪器:这类仪器主要测量半导体分立器件的反向截止电流、反向击穿电压、正向电压、饱和电压和直流放大系数等直流参数。

② 交流参数测量仪器:这类仪器主要测量半导体分立器件的频率参数、开关参数、极间电容、噪声系数及交流网络参数等交流参数。

③ 极限参数测量仪器:这类仪器主要测量半导体分立器件能安全使用的最大范围,如大功率晶体管在直流和脉冲状态下的安全工作区。

④ 半导体管特性图示仪(又称晶体管特性图示仪):这是一种应用最广泛的半导体分立器件测量仪器,它不仅可显示器件的特性曲线,还可以测量器件的主要直流参数和部分交流参数。

3.1.2   数字集成电路测试仪器

数字集成电路主要有 TTL 和 CMOS 集成电路等。对数字集成电路的测试主要有直流测试、交流测试和功能测试三部分。直流测试参数包括输出高电平、输出低电平、输出高电平电流、输出低电平电流、电源电流等;交流测试参数包括延迟时间、最高时钟频率等;功能测试主要是检查数字集成电路各项逻辑功能是否正常。

中小规模集成电路的某些基本参数和功能可用通用仪器进行测量。对大规模、超大规模集成电路,则多采用图形功能测试法来检查。该方法利用图形发生器生成各种测试图形和期望响应图形,将测试图形输入被测器件的输入引脚,并将被测器件的输出图形与期望响应图形在图形比较器中进行比较,最终即可判定被测集成电路的功能是否正常。

3.1.3   模拟集成电路测试仪器

模拟集成电路包括运算放大器、稳压器、比较器及专用模拟集成电路等。对模拟集成电路的测试有直流测试和交流测试。直流测试参数包括输入失调电压、输入失调电流、输入偏置电流、输入阻抗、共模信号抑制比、输出短路电流、开环电压增益、最大输出电压及电源电流等;交流测试参数包括开环带宽和转换速率等。

模拟集成电路测试仪器有直流特性测试仪器和交流特性测试仪器。对一些通用的模拟集成电路,如运算放大器,有专门的测试仪器可对其常用参数进行测试。测试仪器大多采用计算机技术,通过编写测试程序完成测试。

3.2 三极管特性曲线的测量方法

三极管特性曲线是指三极管有关电极的电压–电流或者电流–电流的关系曲线。例如,三极管的共发射极输出特性曲线是指在基极电流 I_B 一定的条件下,集电极电流 I_C 随集电极和发射极之间的电压 U_{CE} 变化而变化的特性曲线。对应不同的 I_B,都有一条与之相对应的输出特性曲线,因而形成输出特性曲线簇,如图 3.2.1 所示。三极管特性曲线的测量方法主要有点测法(静态法)和图示法(动态法)。

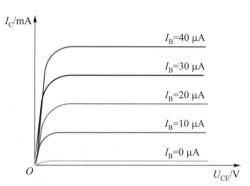

图 3.2.1 三极管共发射极输出特性曲线

3.2.1 点测法

以三极管输出特性曲线为例,点测法测量电路如图 3.2.2 所示,测得的三极管输出特性曲线如图 3.2.3 所示。先调节 U_{BB},固定一个 I_B 值,再调节 U_{CC},使 U_{CE} 从零变到某一固定值,测出一组 U_{CE} 和 I_C 的数据,描绘出一条 I_B 为某一固定值的 $I_C=f(U_{CE})$ 的曲线;再调节 U_{BB},改变一个 I_B 值,重复上述过程,得到另一条曲线;以此类推,最终完成被测三极管的输出特性曲线。

显然,这种逐点测量法操作烦琐,不能反映三极管动态工作时的输出特性,特别是在测量三极管极限参数(如 I_{CM} 和 U_{CEO} 等)时,容易损坏三极管。

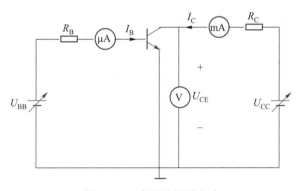

图 3.2.2 点测法测量电路

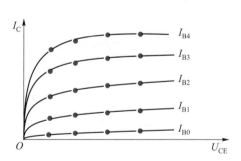

图 3.2.3 点测法测得的三极管输出特性曲线

3.2.2 图示法

若用集电极扫描电压源代替点测法中的可调直流电源 U_{CC},用阶梯波信号代替提供基级电流的可调直流电源 U_{BB},就得到图 3.2.4 所示的图示法测量电路。

用 50 Hz 交流电的全波整流电压作为集电极扫描电压,使 U_{CE} 可以自动从零增至最大值,然后又降至零;阶梯波电压每上升一级,相当于改变一次参数 I_B。只要集电极扫描电压 U_{CE} 与基级阶梯电流 I_B 的时间关系如图 3.2.5(a)所示,就可以获得 U_{CE} 和 I_B 的同步变化。

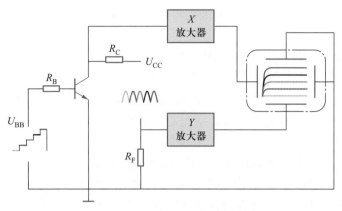

图 3.2.4　图示法测量电路

为了显示 I_C 与 U_{CE} 的关系曲线,把 U_{CE} 送入 X 轴系统,把 I_C 经电阻 R_F 的采样电压送入 Y 轴系统,此时屏幕上即可得到图 3.2.5(b)所示的输出特性曲线。每一个扫描电压周期,光点在屏幕上往返一次,描绘出一条曲线。每个扫描周期对应一级阶梯波,改变阶梯波的级数即可得到所需数量的曲线。

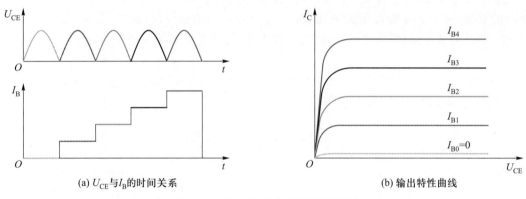

(a) U_{CE} 与 I_B 的时间关系　　　　(b) 输出特性曲线

图 3.2.5　输出特性曲线的显示原理

这种方法直观,操作简便,实现了动态测量。而且由于集电极电压是随时间连续变化的脉动电压,其最大值仅瞬间作用于被测三极管,被测三极管不易受损坏,因而较为安全可靠。

3.3 晶体管特性图示仪的基本组成

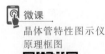
微课
晶体管特性图示仪
原理框图

　　晶体管特性图示仪是一种专用示波器,在示波管屏幕上可以直接观测半导体分立器件的特性曲线,借助屏幕上的标尺刻度,还能直接或间接地测定其相应的参数。晶体管特性图示仪由于具有使用面宽、直观性强、用途广泛、读测方便等特点而被广泛应用。

　　晶体管特性图示仪的基本组成如图 3.3.1 所示。它主要由基极阶梯信号源、集电极扫描电压发生器、工作于 X-Y 方式的示波器、测量转换开关及附属电路组成。

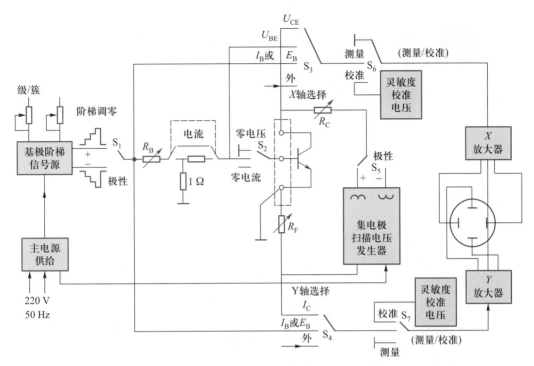

图 3.3.1 晶体管特性图示仪的基本组成

① 基极阶梯信号源：用于产生阶梯电流或阶梯电压。测量时阶梯信号源为被测晶体管提供偏置。阶梯信号源内设有调零电位器，调整它可保证阶梯电压的起始级为零电平。阶梯的级数可通过"级/簇"旋钮调节，一般最多可输出 10 级。输出 10 级时，即可显示 10 条不同 I_B 值的输出特性曲线。阶梯信号源可提供不同极性、不同大小的阶梯信号，供测量不同类型的晶体管时采用。

② 集电极扫描电压发生器：用于供给所需的集电极扫描电压。该扫描电压多采用工频电压经全波整流而得到的 100 Hz 的单向脉动电压。通常基极阶梯信号也是由 50 Hz 的工频获得，故两者之间能同步工作。为了满足不同的测量要求，扫描电压的极性和大小均可以变换。

集电极电路内接有功耗限制电阻 R_C，其阻值可根据需要改变，用于限制被测晶体管的最大工作电流，从而限制其功耗，防止受损。电路中的采样电阻 R_F 用于将要测量的电流 I_C 转换为电压，将其送至示波器 Y 轴系统，曲线的 Y 轴表示集电极电流的变化。

③ 示波器：包括 X 放大器、Y 放大器及示波管，用于显示晶体管特性曲线。

④ 测试转换开关及附属电路：为了准确测量晶体管特性曲线及满足测量不同晶体管的需要，晶体管特性图示仪都设置了如下开关及附属电路。

a. 极性开关：包括基极阶梯信号源和集电极扫描电压发生器正、负极性选择开关，以适应不同类型晶体管的测量要求。

b. X 轴、Y 轴选择开关：把不同信号接至 X 放大器或 Y 放大器。通过不同的组合，显示不同的晶体管特性曲线。

c. 零电压、零电流开关：可使基极接地或开路，便于对某些晶体管的参数进行测量。

d. 灵敏度校准电压：可提供校准电压，用于对刻度进行校正。

3.4 晶体管特性图示仪的测量原理

3.4.1 二极管特性测量

二极管特性曲线测量原理图及曲线如图 3.4.1 所示。

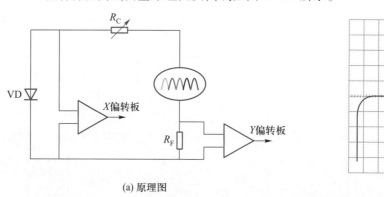

(a) 原理图   (b) 曲线

图 3.4.1 二极管特性曲线测量

测量二极管的正向特性,则加正极性扫描电压;测量二极管的反向特性,则加负极性扫描电压;同时测量二极管的正、反向特性,则加正、负极性扫描电压。不使用阶梯信号,将集电极电压接至 X 轴,R_F 上的采样电压接至 Y 轴,即可显示相应的特性曲线。

3.4.2 三极管特性测量

1. 三极管输出特性曲线的测量

三极管输出特性$[I_C = f(U_{CE})\,|_{I_B = 常数}]$曲线测量原理图及曲线如图 3.4.2 所示。测量原理在 3.2 节中已经介绍,不再重述。

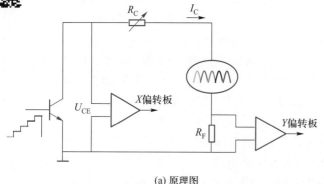

(a) 原理图   (b) 曲线

图 3.4.2 三极管输出特性曲线测量

2. 三极管输入特性曲线的测量

三极管输入特性$[I_B = f(U_{BE})\,|_{U_{CE} = 常数}]$曲线是一组以 U_{BE} 为参变量的曲线。若以阶梯信号作为扫描信号,需要提供较大功率,在电路上实现起来比较麻烦,故实际仪器中三极管输入特性曲线测量原理图如图 3.4.3(a) 所示。

微课
三极管输出特性
曲线的测量

微课
三极管输入特性
曲线的测量

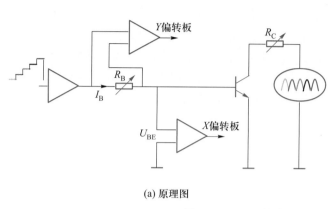
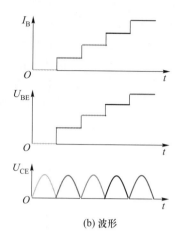

(a) 原理图 　　　　　　　　　　　　　(b) 波形

图 3.4.3　三极管输入特性曲线测量

被测三极管的集电极仍接全波整流扫描电压,而用阶梯信号提供基极电流。采样电阻 R_B 两端得到的电压(正比于 I_B)加至示波器的 Y 输入端(称为 U_Y), U_{BE} 加至示波器的 X 输入端。图 3.4.3(b)所示为电流、电压波形。注意,此时 I_B 和 U_{BE} 均为阶梯波,但 I_B 每级高度基本相同, $I_B R_B$ 构成示波器的 U_Y。而 U_{BE} 由于输入特性的非线性而每级高度不同,构成示波器的 U_X。

当集电极扫描电压 U_{CE} 为零时,示波器 X、Y 轴的输入电压 U_X、U_Y 也都为零,光点位于原点;阶梯波每上升一级,光点从 $0 \to 1 \to 2 \cdots$ 跳跃,各点连接起来构成图 3.4.4(a)所示的输入特性曲线。

在 U_X、U_Y 阶梯变化的同时, U_{CE} 由 $0 \to U_m$(加于集电极上电压的峰值)变化,使光点在各级沿水平方向往返移动。如图 3.4.4(b)所示,在 1 点,光点沿 $1 \to 1' \to 1$ 移动,接着随 U_Y 跳到 2 点,再沿 $2 \to 2' \to 2$ 移动,以此类推,得到图示曲线。图 3.4.4(b)中,左侧一条由断续光点连接起来的曲线是 $U_{CE} = 0$ V 时的输入特性曲线,右侧一条由断续光点连接起来的曲线是 $U_{CE} = U_m$ 时的输入特性曲线。

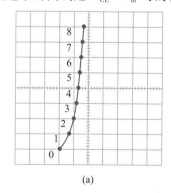
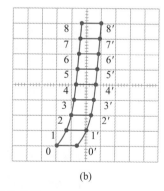

(a) 　　　　　　　　　　　　　　(b)

图 3.4.4　测出的输入特性曲线

3.5　晶体管特性图示仪典型产品介绍

参考资料
XJ4810 型晶体管特性图示仪说明书

XJ4810 型晶体管特性图示仪是一款典型的晶体管特性图示仪,具有前述图示仪所具备的测量功能,可满足对各类半导体分立器件的测量要求。它还增设集电极双向扫描电路,可在屏幕上同时观测二极管的正、反向输出特性曲线;具有双簇曲线显示功能,易于晶体管的配对。此外,该仪器与扩展功能配件配合,还可将测量电压升高至 3 kV;可对各种场效应管配对或单独测量;可测量 TTL、CMOS 数字集成电路的电压传输特性。该仪器的最小阶梯电流可达 0.2 μA/级,可用于测量小电流晶体管;并专为测量二极管反向漏电流采取了相应措施,使测量时 I_R 可达 20 nA/div(nA/格)。

1. 主要技术性能

① 集电极电流:10 μA/div ~ 0.5 A/div,分 15 挡。

② 二极管反向漏电流:0.2 ~ 5 μA/div,分 5 挡。

③ 集电极电压:0.05 ~ 50 V/div,分 10 挡。

④ 基极电压:0.05 ~ 1 V/div,分 5 挡。

⑤ 阶梯电流:0.2 μA/级 ~ 50 mA/级,分 17 挡。

⑥ 阶梯电压:0.05 ~ 1 V/级,分 5 挡。

⑦ 集电极扫描峰值电压:10 ~ 500 V,分 4 挡。

⑧ 功耗限制电阻:0 ~ 0.5 MΩ,分 11 挡。

2. 工作原理

XJ4810 型晶体管特性图示仪的工作原理与 3.4 节中介绍的基本相同,不再详述。为方便使用,该仪器增设二簇电子开关,阶梯信号每次复零时,二簇电子开关将阶梯信号交替送至其中一只被测管的基极,实现了在屏幕上同时显示两只晶体管特性曲线的目的。

3. 面板说明

XJ4810 型晶体管特性图示仪的面板如图 3.5.1 所示,主要可划分为 7 个部分,下面分别说明。

微课

XJ4810 型晶体管
特性图示仪面板
说明

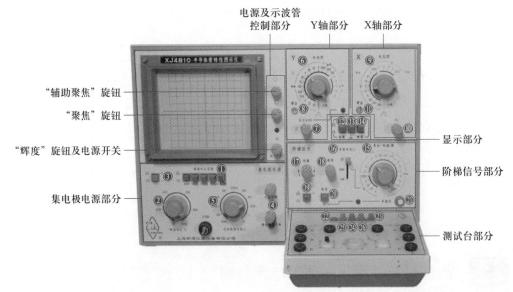

图 3.5.1　XJ4810 型晶体管特性图示仪面板

（1）电源及示波管控制部分

包括"聚焦"旋钮、"辅助聚焦"旋钮、"辉度"旋钮及电源开关。其中，"辉度"旋钮及电源开关由一带推拉式开关的电位器实现。

（2）集电极电源部分

①—"峰值电压范围"按键开关：选择集电极扫描电源的峰值电压范围。其中，"AC"挡能使集电极电源实现双向扫描，使屏幕同时显示出被测二极管的正、反向输出特性曲线。使用时注意电压范围由低挡换向高挡时，应先将"峰值电压%"旋钮调节至"0"位置。

②—"峰值电压%"旋钮：使集电极电源在确定的峰值电压范围内连续变化。

③—"极性"按键开关：开关按下时集电极电源极性为负；开关弹出时为正。

④—"电容平衡"与"辅助电容平衡"旋钮：在高电流灵敏度测量时，使得容性电流最小，以减小测量误差。

⑤—"功耗限制电阻 Ω"选择开关：改变串联在被测管集电极回路中的电阻，以限制功耗。

（3）Y 轴部分

⑥—"电流/度"开关：为二极管反向漏电流 I_R、三极管集电极电流 I_C 量程开关。置于"⌐⌐"时，屏幕 Y 轴代表基极阶梯电流或电压，每级一度。置于"外接"时，Y 轴系统由外接信号输入，外接输入端位于仪器侧板处。

⑦—"移位"旋钮：垂直移位。旋钮拉出时相应指示灯亮，此时 Y 轴偏转因数缩小为原来的 1/10。

⑧—"增益"旋钮：用于调节 Y 轴偏转因数。一般情况下不需要经常调整。

（4）X 轴部分

⑨—"电压/度"开关：为集电极电压 U_{CE} 和基极电压 U_{BE} 量程开关。置于"⌐⌐"时，屏幕 X 轴代表基极阶梯电流或电压，每级一度。置于"外接"时，X 轴系统由外接信号输入，外接输入端位于仪器侧板处。

⑩—"移位"旋钮：水平移位。

⑪—"增益"旋钮：用于调节 X 轴偏转因数。一般情况下不需要经常调整。

（5）显示部分

⑫—"转换"按键开关：开关按下时显示曲线图像Ⅰ、Ⅲ象限互换。简化 NPN 管和 PNP 管相互转化时的操作。

⑬—"⊥"按键开关：开关按下时 X 轴、Y 轴系统放大器输入接地，显示输入为零的基准点。

⑭—"校准"按键开关：开关按下时校准电压接入 X、Y 放大器，以达到 10 度校正的目的。即自零基准点开始，X、Y 方向各移动 10 度。

（6）阶梯信号部分

⑮—"电压-电流/级"开关：阶梯信号选择开关，用于确定每级阶梯的电压值或电流值。

⑯—"串联电阻 Ω"开关：改变阶梯信号与被测管输入端之间所串接的电阻大小，仅当"电压-电流/级"开关置电压挡时有效。

⑰—"级/簇"旋钮：调节阶梯信号一个周期内的级数，在 1～10 级内连续可调。

⑱—"调零"旋钮:调节阶梯信号起始级的电平,正常使用时应调至零电平。

⑲—"极性"按键开关:选择阶梯信号的极性。

⑳—"重复–关"按键开关:开关弹出时,阶梯信号重复出现,正常测量时多置于该位置;开关按下时,阶梯信号属于待触发状态。

㉑—"单簇按"按钮:与"重复–关"按键开关配合使用。当阶梯信号处于待触发状态时,按下该按钮,对应指示灯亮,阶梯信号出现一次,然后又回到待触发状态。该按钮多用于观测被测管的极限特性,可防止被测管受损。

(7) 测试台部分

㉒—"左"按键开关:开关按下时,测量左边被测管特性。

㉓—"右"按键开关:开关按下时,测量右边被测管特性。

㉔—"二簇"按键开关:开关按下时,自动交替接通左、右两只被测管,屏幕上同时显示两管的特性,便于进行比较。

㉕—"零电压"按键开关:开关按下时,被测管基极接地。

㉖—"零电流"按键开关:开关按下时,被测管基极开路。

4.使用方法

① 打开电源开关:指示灯亮,预热 10 min。

② 调节"辉度"旋钮、"聚焦"旋钮或"辅助聚焦"旋钮,使屏幕上的光点或线条明亮、清晰。

动画
增益检查

③ 放大器增益检查。将"峰值电压%"旋钮旋到底,使集电极扫描电压为 0 V,调节 X 轴"移位"旋钮和 Y 轴"移位"旋钮,使光点移到屏幕的左下方。按显示部分的"校准"按键开关,此时光点应准确地跳到屏幕的右上角。若光点跳动的位置不准确,可以通过 X 轴"增益"旋钮和 Y 轴"增益"旋钮来进行校准。注意此项调整不需要经常进行。

动画
对称性检查

④ 对称性检查:将 X 轴"电压/度"开关和 Y 轴"电流/度"开关置于"⌐⌐"位置,显示部分的三个按键开关均弹出;将阶梯信号部分的"重复–关"按键开关置于"重复","极性"按键开关置于"+","电压–电流/级"开关置于任意位置,此时屏幕出现一列沿对角线排列的光点,说明 X 放大器和 Y 放大器的增益对称。

⑤ 阶梯调零:当测量中用到阶梯信号时,应先进行阶梯调零,其目的是使阶梯信号的起始级在零点位置。

动画
正阶梯信号调零

将阶梯信号部分的"极性"按键开关及集电极电源部分的"极性"按键开关均置于"+",X 轴"电压/度"开关置于 1 V/度,Y 轴"电流/度"开关置于"⌐⌐",阶梯信号部分的"电压–电流/级"开关置于 0.05 V/级,"重复–关"按键开关置于"重复","级/簇"旋钮置于适中位置,集电极电源部分的"峰值电压范围"按键开关选择"10 V"挡,调节"峰值电压%"旋钮使屏幕上出现满度扫描线。此时,X 轴加扫描电压,Y 轴加阶梯电压,屏幕上观测的是图示仪自身的阶梯信号,如图 3.5.2 所示。然后,按下显示部分的"⊥"按键开关,观察光迹在屏幕上的位置,并通过 Y 轴"移位"旋钮将其调到最下方的一根水平刻度线上。将"⊥"按键开关复位,调节阶梯信号部分的"调零"旋钮,使阶梯波的起始级(即阶梯信号最下面的一条线)与屏幕最下方的刻度线重合。这样阶梯信号的零电平即被校准。

动画
负阶梯信号调零

以上所述是对正阶梯信号调零的方法,要对负阶梯信号调零,方法同上,只是改用

"–"极性,阶梯信号的起始级是最上面的一条线。

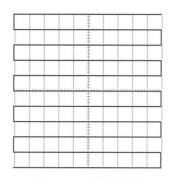

图 3.5.2　阶梯信号

动画
NPN 型三极管输出
曲线测量

⑥ 根据被测器件的性质和测量要求,调节图示仪上各部分的开关、旋钮到合适位置,然后插上被测器件,进行测量。

⑦ 仪器复位:测量结束后应使仪器复位,防止下一次使用时不慎损坏被测器件。复位时,要求将集电极电源部分的"峰值电压范围"按键开关置于"10 V"挡,"峰值电压%"旋钮旋至"0"处,"功耗限制电阻 Ω"选择开关置于 1 kΩ 以上挡,将阶梯信号部分的"电压–电流/级"开关置于 10 μA 以下挡,然后关闭电源。

5. 使用注意事项

① 为保证测量的顺利进行,测量前应根据被测器件的参数规范及测量条件,预设一些关键开关和旋钮的位置。否则如调节不当,极易造成被测器件受损或测量结果差异很大。

② 在使用"峰值电压范围""峰值电压%""电压–电流/级"及"功耗限制电阻 Ω"这些开关、旋钮时应特别注意,如使用不当很容易损坏被测器件。

③ 测量大功率器件(因通常测量时不能满足其散热条件)及测量器件极限参数时,多采用单簇阶梯,以防止损坏器件及仪器本身。

6. 特殊应用

① 同时显示二极管的正、反向输出特性曲线:由于集电极扫描电压有双向扫描功能,故可使二极管的正、反向输出特性曲线同时显示在屏幕上。以测量稳压二极管为例,把未扫描时的光点调至屏幕的中心位置,将"峰值电压范围"按键开关置于"AC",正确调节有关旋钮和开关,即可得到特性曲线。

② 同时显示两只三极管的输出特性曲线:测量时仪器各开关、旋钮的设置与测量单管时相似。按下测试台上的"二簇"按键开关,插入被测三极管,加大集电极扫描电压,即可同时显示两只三极管的输出特性曲线,对两只三极管的性能进行比较。必要时可旋转机箱右侧的"移位"旋钮,调节两曲线的相对位置。

动画
NPN 型三极管输入
曲线测量

动画
PNP 型三极管输出
曲线测量

动画
PNP 型三极管输入
曲线测量

动画
二极管正向曲线
测量

动画
二极管反向曲线
测量

动画
二极管正、反向曲
线测量

项目 2

部件的测量与检验

　　电子行业在流水生产工序中的过程检验一般分为 PCB（印制电路板）装配检验、焊接检验、单板调试检验、组装合拢检验、总装调试检验、半成品检验。每道检验工序都有相应的检验工艺、检验报告。本项目将针对收音机在生产过程中出现的半成品部件进行测量与检验。

📖 知识目标

（1）了解信号发生器的性能指标、组成、工作原理，掌握其典型产品的技术指标和使用方法；

（2）理解模拟示波器的基本测量原理，熟悉通用示波器的基本组成、多波形显示原理，掌握其典型产品的技术指标和使用方法；

（3）熟悉数字示波器的特点、主要技术参数、组成、工作原理，掌握其典型产品的技术参数和使用方法；

（4）理解电压测量的基本原理、方法、分类，以及交流电压的基本参数；

（5）熟悉电压表的技术指标、基本原理，掌握其典型产品的技术参数和使用方法；

（6）了解数字多用表的特点、基本组成、测量电路，掌握其典型产品的技术参数和使用方法；

（7）理解通用电子计数器的测量原理、测量误差，掌握其典型产品的技术参数和使用方法；

（8）了解频率特性测试仪的工作原理，掌握其典型产品的技术参数和使用方法；

（9）了解失真度仪的工作原理，掌握其典型产品的技术参数和使用方法；

（10）了解逻辑分析仪的工作原理，掌握其典型产品的技术参数和使用方法；

（11）掌握测量误差的分析、计算和测量结果的表示。

☑ 能力目标

（1）能够使用信号发生器产生所需要的信号；

（2）能够使用示波器显示和测量被测信号；

（3）能够使用晶体管交流毫伏表测量交流电压；

（4）能够使用数字多用表测量电压、电流；

（5）能够使用通用电子计数器测量频率；

（6）能够使用频率特性测试仪测量幅频曲线；

（7）能够使用失真度仪测量失真度；

（8）能够使用逻辑分析仪测量逻辑电平；

（9）能够组建测量系统；

（10）能够根据被测参数，选择合适的测量仪器；

（11）能够对测量仪器进行日常维护、保养和维修。

⚓ 素质目标　（1）学会一定的沟通、交际、组织、团队合作的社会能力；

（2）具有一定的自学、创新、可持续发展的能力；

（3）具有一定的解决问题、分析问题的能力；

（4）具有良好的职业道德和高度的职业责任感。

任务 4

波形的产生

任务目标

① 能够使用正弦波信号发生器产生所需要的正弦波信号；
② 能够使用函数信号发生器产生所需要的信号；
③ 能够设计并填写测试任务单；
④ 能够对信号发生器进行日常维护、保养和维修；
⑤ 能够根据所需参数，选择合适的测量仪器。

任务实施

子任务 1：正弦波波形的产生。
任务描述：使用信号发生器输出 2 V、1 kHz 的正弦波。
任务要求：熟悉信号发生器。
子任务 2：多种波形的产生。
任务描述：使用函数信号发生器输出下列信号。
正弦波：

2 MHz、4 V	100 kHz、10 V	100 Hz、5 V	1 kHz、8 V
1.1 kHz、8 V	1.15 kHz、8 V	10 kHz、3 V	10 kHz、30 mV

5 kHz、3 V、直流偏移+5 V　　　　　　　5 kHz、30 mV、直流偏移+50 mV

6 kHz、2 V、直流偏移−8 V

三角波：

1 kHz、8 V　　　　　　2 kHz、100 mV

方波：

5 kHz、2 V   5 kHz、6 V、直流偏移−2 V   8 kHz、8 V

TTL：

1 kHz、2 V   1 kHz、8 V

任务要求：

① 设计测试任务单；

② 调节信号发生器，模拟输出上述信号；

③ 填写测试任务单；

④ 回答以下问题：

a. 函数信号发生器的输出电压是什么值？

b. 函数信号发生器 TTL 输出端口的输出信号是什么？

c. DUTY 用于调节什么？OFFSET 用于调节什么？AMPL 用于调节什么？

d. −40 dB 的作用是什么？

任务指导

4.1   信号发生器概述

4.1.1   信号发生器的作用

信号发生器可以提供符合要求的电信号，其波形、频率和幅度都可以调节，并可以准确读出数值。在电子测量中，信号发生器是最基本且应用最广泛的测量仪器之一。其功用主要包括以下三个方面。

① 激励源：即作为某些电气设备的激励信号，如激励扬声器发出声音等。

② 信号仿真：当研究一个电气设备在某种实际环境下所受到的影响时，需要施加与实际环境相同特性的信号，如高频干扰信号等。

③ 校准源：用于对一般信号源或其他测量仪器进行校准，如校验自动化仪表时需要使用标准直流电压、电流信号发生器。

4.1.2   信号发生器的分类

信号发生器用途广泛、种类繁多，性能各异，分类方法也不尽相同，信号发生器常见的分类方法如下。

1. 按频率范围分类

信号发生器输出频率范围很宽。国际上规定，30 kHz 以下为甚低频、特低频、超低频、极低频；30 kHz 以上每 10 倍频程依次划分为低频、中频、高频、甚高频、特高频、超高频、极高频等频段；在微波技术中，按波长划分为米波、分米波、厘米波、毫米波等波段；在一般电子技术中，把 20 Hz ~ 10 MHz 称为视频，把 30 kHz 至几十吉赫称为射频。

频段的划分不是绝对的。例如，在电子仪器的种类划分中，低频信号发生器指

1 Hz ~ 1 MHz 频段,波形以正弦波为主或兼有方波及其他波形的信号发生器;射频信号发生器则指能产生正弦信号,频率范围部分或全部覆盖 30 kHz ~ 1 GHz(允许向外延伸),并且具有一种或一种以上调制功能的信号发生器。这两类信号发生器的频率范围有重叠。

2. 按输出波形分类

根据使用要求,信号发生器可以输出不同波形的信号,表 4.1.1 中列出了各种信号发生器产生的波形示意图及其主要特性。

表 4.1.1　各种信号发生器产生的波形示意图及其主要特性

名称	波形示意图	主要特性
正弦波信号发生器		正弦波是电子系统中最基本的测试信号之一,频率从几微赫至几十吉赫。大多数信号发生器都具备正弦波输出功能
函数信号发生器		通常可以输出正弦波、方波、三角波三种波形,有的还可以输出锯齿波、脉冲波、梯形波、阶梯波等波形,频率从几赫至上百兆赫
扫频信号发生器		频率在某区间有规律地扫动,多数扫频信号发生器以正弦波扫频,也有的以方波、三角波扫频,还有非线性的对数扫频
脉冲信号发生器		输出的脉冲信号可按需要设置重复频率、脉冲宽度、占空比、上升及下降时间等参数。有的脉冲信号发生器还有双脉冲输出
数字信号发生器		可按编码要求产生 0/1 逻辑电平(多为 TTL 或 ECL 电平),也称为数据发生器、图形或模式发生器。通常具备多路数字输出
噪声信号发生器		提供随机噪声信号,具有很宽的均匀频谱,常用于测量接收机的噪声系数或调制到高频、射频载波上作为干扰源
伪随机信号发生器		是一串 0/1 电平随机编码的数字序列信号,因其序列周期相当长(在足够宽的频带内产生相当平坦的离散频谱),故有点类似随机信号
任意信号发生器		能产生任意形状的模拟信号,例如,模仿产生心电图、雷电干扰、机械运动等形状复杂的波形
调制信号发生器		将模拟信号或数字信号调制到射频载波信号上,以便于远程传输。常用的调制方式有调幅、调频、调相、脉冲调制、数字调制等
数字矢量信号发生器		通过正交调制(I-Q 调制),可以同时传递幅度和相位信息,故称为数字矢量信号发生器

3. 按性能分类

按信号发生器的性能指标,可将其分为一般信号发生器和标准信号发生器。前者是指对输出信号的频率、幅度的准确度和稳定度及波形失真等要求不高的一类信号发生器;后者是指输出信号的频率、幅度、调制系数等在一定范围内连续可调,并且读数准确、稳定,屏蔽性良好的中、高档信号发生器。

此外,信号发生器还有其他分类方法。例如,按照使用范围,可分为通用信号发生器和专用信号发生器(如调频立体声信号发生器、电视信号发生器及矢量信号发生器等);按照调节方式,可分为普通信号发生器、扫频信号发生器和程控信号发生器;按照频率产生方法,又可分为谐振信号发生器、锁相信号发生器及合成信号发生器等。

4.1.3　正弦波信号发生器的性能指标

在各类信号发生器中,正弦波信号发生器是最普通、应用最广泛的一类,几乎渗透到了所有的电子学试验及测量中。这是因为,正弦信号是容易产生、容易描述、应用最广的载波信号,且任何线性双端口网络的特性都可以用它对正弦信号的响应来表征。作为测量系统的激励源,被测器件、设备各项性能参数的测量质量都直接依赖于信号发生器的性能,通常用频率特性、输出特性和调制特性(俗称三大指标)来评价正弦波信号发生器的性能。

1. 频率特性

(1) 有效频率范围

有效频率范围是指各项指标都能得到满足的输出信号的频率范围。在有效频率范围内,频率调节可以是离散的,也可以是连续的。当频率范围很宽时,常划分为若干频段。

(2) 频率准确度

频率准确度是指信号发生器输出频率的指示值与实际输出信号频率间的偏差,通常用相对误差 α 表示,有

$$\alpha = \frac{f - f_0}{f_0} = \frac{\Delta f}{f_0} \times 100\%$$

式中,f_0 为标称值(指示值,也称为预调值);f 为输出正弦信号频率的实际值;$\Delta f = f - f_0$。

频率准确度实际是输出信号频率的工作误差。用刻度盘指示频率的信号发生器,其频率准确度在 $\pm(1\% \sim 10\%)$ 的范围内;标准信号发生器的频率准确度优于 $\pm1\%$;合成信号发生器的频率准确度则优于 $\pm10^{-6}$。

(3) 频率稳定度

频率稳定度是指在其他外界条件恒定不变的情况下,在规定时间内,信号发生器输出频率相对于预调值变化的大小。按照国家标准,频率稳定度又分为短期频率稳定度和长期频率稳定度。

① 短期频率稳定度:信号发生器经过规定的预热时间后,信号频率在任意 15 min 内发生的最大变化。

② 长期频率稳定度:信号发生器经过规定的预热时间后,信号频率在任意 3 h 内发生的最大变化。

2. 输出特性

(1) 输出电平调节范围

输出电平调节范围是指输出信号幅度的有效范围,即由产品标准规定的信号发生器的最大输出电压和最大输出功率在其衰减范围内所得到输出幅度的有效范围,输出幅度可用电压(单位为 V、mV、μV)或绝对电平(单位为 dB)表示。一般信号发生器的输出电平调节范围都比较宽,可达 7 个数量级。

信号发生器的输出级中一般都包括衰减器,其目的是获得从微伏级到毫伏级的小信号电压。

（2）输出电平准确度

输出电平准确度是指信号发生器输出电平指示器的显示值与实际值的偏差,常用相对误差表示,一般在±(3%~10%)范围内。

（3）输出阻抗

信号发生器的输出阻抗视信号发生器的类型不同而异。低频信号发生器电压输出端的输出阻抗一般为 600 Ω 或 1 kΩ;功率输出端的输出阻抗依据输出匹配变压器设计而定,通常有 50 Ω、75 Ω、150 Ω、600 Ω 和 5 kΩ 等挡。高频信号发生器的输出阻抗一般仅有 50 Ω 或 75 Ω 挡。

使用信号发生器时要特别注意其与负载阻抗的匹配,因为信号发生器输出电压的读数是在匹配负载的条件下标定的。若负载与信号发生器输出阻抗不匹配,则信号发生器输出电压的读数是不准确的。

3. 调制特性

（1）调制信号

调制用的调制信号可以由内调制振荡器产生,也可以由外部输入。调制信号的频率可以是固定的,也可以连续调节。

（2）调制类型

调制类型一般有调幅(AM)、调频(FM)、脉冲调制(PM)等。

（3）调制系数的有效范围

信号发生器的各项指标都能得到保证的调制系数的范围称为调制系数的有效范围。调幅时的调制系数(调幅度)一般为 0%~80%,调频时最大频偏不小于 75 kHz。

4.2　模拟信号发生器

4.2.1　低频信号发生器

低频信号发生器一般是指频段为 1 Hz~1 MHz,输出波形以正弦波为主,兼有方波及其他波形的信号发生器。

1. 低频信号发生器的主要性能指标

目前,低频信号发生器主要性能指标的典型数据如下。

① 有效频率范围:1 Hz~1 MHz 连续可调。

② 频率稳定度:(0.1%~0.4%)/h。

③ 频率准确度:±(1%~2%)。

④ 输出电压:0~10 V 连续可调。

⑤ 输出功率:0.5~5 W 连续可调。

⑥ 非线性失真:0.1%~1%。

⑦ 输出阻抗:一般有 50 Ω、75 Ω、150 Ω、600 Ω 和 5 kΩ 等挡。

2．低频信号发生器的基本组成

微课
低频信号发生器的
基本组成

微课
低频信号发生器原
理详解

低频信号发生器主要由主振级、电压放大器、输出衰减器、功率放大器、阻抗变换器（输出变压器）和监测电压表组成，如图 4.2.1 所示。

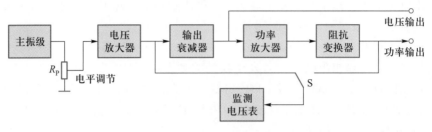

图 4.2.1　低频信号发生器组成

（1）主振级

主振级的作用是产生低频的正弦波信号，并实现频率调节功能。它是低频信号发生器的主要部件，一般采用 RC 振荡器，尤以文氏电桥振荡器为多。图 4.2.2 所示为文氏电桥振荡器的原理电路。图中，RC 串并联网络组成正反馈网络，热敏电阻 R_t 和电阻 R_f 组成负反馈支路，二者共同构成文氏电桥。文氏电桥和放大器组成的放大环路称为文氏电桥振荡器。为了方便起见，取 $R_1 = R_2 = R$，$C_1 = C_2 = C$。当满足振幅平衡条件和相位平衡条件时，要求放大器的闭环增益等于3，此时振荡器的输出频率为

$$f_0 = \frac{1}{2\pi RC}$$

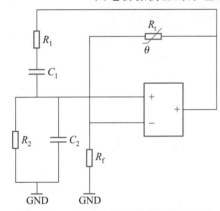

图 4.2.2　文氏电桥振荡器的原理电路

热敏电阻 R_t 具有加速振荡建立和稳幅作用。起振时，R_t 处于冷态，其阻值比 R_f 大得多，闭环增益很高，有利于迅速建立起振荡。振荡建立以后，R_t 在电路中起幅度调节作用。当由于某些因素使振荡器的输出电压升高时，流过 R_t 的电流增大，其温度升高，而 R_t 阻值减小，于是负反馈量增大，使输出电压减小，趋于稳定；反之，当振荡器的输出电压降低时，通过 R_t 的调节作用可使其向相反方向变化。

电路中频率粗调（频段转换）与细调可通过切换电阻和调节电容来实现。

（2）电压放大器和功率放大器

电压放大器的作用是放大主振级产生的振荡信号，满足信号发生器对输出信号幅度的要求，并将主振级与后续电路隔离，防止因输出负载变化而影响主振级频率的稳定。

功率放大器提供足够的输出功率。为了保证信号不失真，要求功率放大器的频率特性好，非线性失真小。

（3）输出衰减器和阻抗变换器

输出衰减器的作用是调节输出电压使之达到所需的值。低频信号发生器中采用连续衰减器和步进衰减器配合进行衰减。图 4.2.3 所示电路就是一个步进衰减器，其衰减倍数有 1（0 dB）、10（20 dB）、100（40 dB）、1 000（60 dB）、10 000（80 dB）五种。

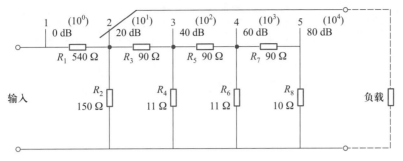

图 4.2.3　步进衰减器

阻抗变换器实际上是一个变压器,其作用是使输出端连接不同的负载时都能得到最大的输出功率。一般在低频(20 Hz ~ 2 kHz)和高频(2 ~ 20 kHz)下采用不同的匹配变压器,以便在高、低频段分别与不同的负载匹配。

(4) 监测电压表

监测电压表用于监测信号发生器输出电压或输出功率的大小。

4.2.2　高频信号发生器

高频信号发生器是指能够供给等幅正弦波和调制波信号的信号发生器,通常分为调幅和调频两种。其工作频率范围一般为 100 kHz ~ 300 MHz,输出幅度能在较大范围内调节,并具有输出微弱信号的能力,可以适应测试接收机的需要。

1. 高频信号发生器的主要性能指标

目前,高频信号发生器主要性能指标的典型数据如下。

① 频率范围:100 kHz ~ 300 MHz 连续可调。

② 频率稳定度:应优于 $1×10^{-4}/15$ min。

③ 频率准确度:±(0.5% ~ 1%)。

④ 输出电压:0.1 μV ~ 1 V 连续可调。

⑤ 输出功率:≥100 mW。

⑥ 输出电压(功率)准确度:±(3% ~ 10%)。

⑦ 输出阻抗:50 Ω。

⑧ 调制方式:30 MHz 以下为调幅,30 MHz 以上采用调频或矩形脉冲调制。

⑨ 调制系数及其准确度:对于 400 Hz 或 1 000 Hz 以内的调幅信号发生器,调幅系数为 0% ~ 80%,误差为 5% ~ 10%;调频信号发生器的频偏为 0 ~ 75 kHz,误差为 5% ~ 7%。

2. 高频信号发生器的基本组成

高频信号发生器主要由主振级、缓冲级、调制级、输出级、内调制振荡器、可调电抗器、监测器和电源组成,如图 4.2.4 所示。主振级产生正弦波信号,该信号经缓冲级输出到调制级,进行幅度调制和放大后输出,并保证一定的输出电平调节和输出阻抗。内调制振荡器供给符合调制级要求的正弦调制信号。可调电抗器与主振级的谐振回路耦合,使信号发生器具有调频功能。监测器用来监测输出信号的载波和调制系数。电源供给各部分所需的直流电压。

微课
高频信号发生器
原理

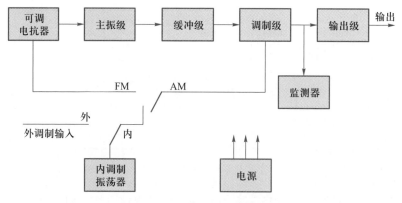

图 4.2.4   高频信号发生器组成

（1）主振级

主振级通常是 LC 三点式振荡电路,可产生具有一定工作频率范围的正弦信号。它是信号发生器的核心,信号发生器输出频率的准确度、稳定度、频谱纯度主要由主振级确定,此外,输出电平及其稳定度和调频工作性能在很大程度上也是由主振级决定的。因此,要求主振级的频率范围宽,有较高的准确度（优于 10^{-3}）和稳定度（优于 10^{-4}）。主振级的电路结构简单,输出功率不大,其范围一般为几毫瓦至几十毫瓦。

（2）缓冲级

缓冲级用于放大主振级输出的高频信号,并在主振级和后续电路间起隔离作用,以提高振荡频率的稳定性。在某些频率较高的信号发生器中,还可以采用倍频器、分频器或混频器,使主振级输出频率的范围更宽广。

（3）调制级

调制的方式主要有调幅、调频和脉冲调制。调幅多用于 100 kHz ~ 35 MHz 的高频信号发生器中,调频主要用于 30 ~ 1 000 MHz 的信号发生器中,脉冲调制多用于 300 MHz 以上的微波信号发生器中。

（4）输出级

输出级主要由放大器、滤波器、输出微调（连续衰减电路）、输出倍乘（步进衰减器）等组成。输出级可进一步控制输出电压的幅度,使最小输出电压达到微伏数量级。对输出级的要求是,输出电平的调节范围宽,衰减量应能准确读数,有良好的频率特性,在输出端有准确且固定的输出阻抗。

4.3   合成信号发生器

4.3.1   合成信号发生器概述

随着科学技术的发展,各种应用对信号频率的稳定度和准确度都提出了越来越高的要求。例如,手机通信系统要求信号频率的稳定度必须优于 10^{-6};卫星发射对信号频率稳定度的要求更高,必须优于 10^{-8}。同样,在电子测量技术中,如果信号发生器的频率稳定度和准确度不够高,就很难对电子设备进行准确的频率测量。因此,频率的稳定度和准确度是信号发生器的一个重要技术指标。

在以 RC、LC 为主振级的信号发生器中,频率准确度只能达到 10^{-2} 量级,频率稳定度只能达到 $10^{-3} \sim 10^{-4}$ 量级,远远不能满足现代电子测量和无线电通信等方面的要求。另一方面,虽然由石英晶体组成的振荡器的频率稳定度可以达到 10^{-8} 量级,但是它只能产生某些特定的频率。为此,需要采用频率合成技术。该技术通过一个或几个高稳定度频率进行加减乘除算术运算,得到一系列所需要的频率。采用频率合成技术制成的频率源称为频率合成器,将该技术应用于通用的电子仪器,则称为合成信号发生器(或称为合成信号源)。频率的加、减通过混频获得,频率的乘、除通过倍频、分频获得,也可运用锁相技术来实现频率合成。采用频率合成技术,可以把信号发生器的频率稳定度和准确度提高到与基准频率相同的水平,并且可以在很宽的频率范围内进行精细的频率调节。合成信号发生器可工作于调制状态,可对输出电平进行调节,也可输出各种波形,是当前应用最广泛的高性能信号发生器之一。

频率合成的方法包括直接模拟频率合成法(direct analog frequency synthesis,DAFS)、直接数字频率合成法(direct digital frequency synthesis,DDS)、间接合成(锁相合成法)三种。实际上,一个信号发生器中可能同时采用多种合成方法。

4.3.2 直接模拟频率合成法

微课
直接模拟频率合成法

利用倍频、分频、混频及滤波技术,对一个或多个基准频率进行算术运算来产生所需频率的方法称为直接合成法。由于该方法大多采用模拟电路来实现,所以称为直接模拟频率合成法。直接模拟频率合成法分为固定频率合成法和可变频率合成法。

1. 固定频率合成法

图 4.3.1 所示为固定频率合成法的原理电路。图中,石英晶体振荡器提供基准频率 f_r,D 为分频器的分频系数,N 为倍频器的倍频系数,则输出频率 f_0 为

$$f_0 = \frac{N}{D} f_r$$

式中,D 和 N 均为给定的正整数,而输出频率为定值,所以称为固定频率合成法。

图 4.3.1 固定频率合成法原理电路

2. 可变频率合成法

可变频率合成法可以根据需要选择各种输出频率,常见的电路形式是连续混频分频电路,如图 4.3.2 所示。在该电路中,首先使用基准频率 $f_r = 5$ MHz 在辅助基准频率发生器中产生各种辅助基准频率,如 2 MHz、16 MHz、2.0 MHz、2.1 MHz、…、2.9 MHz,然后借助混频器和分频器进行频率运算,实现频率合成。该电路中的频率选择开关的作用是,根据所需输出频率 f_0 的值从 2.0 MHz、2.1 MHz、…、2.9 MHz 中选择相应数值分别作为 $f_1 \sim f_4$。图 4.3.2 中,纵向的混频分频电路组成一个基本运算单元,共有 4 个相同的单元,它们产生的输出频率依次从左到右传递,并参与后一单元的运算。例如,从左边的第一单元开始,首先 f_{i1}(2 MHz)和 f(16 MHz)进行混频,其结果再与辅助基准

频率 f_1 进行混频, 两次混频得到

$$f_{i1}+f+f_1 = \left[2+16+(2.0 \sim 2.9)\right]\text{MHz}=(20.0 \sim 20.9)\text{MHz}$$

经 10 分频后得到 $2.00 \sim 2.09$ MHz。再以该频率作为第二单元的输入频率 f_{i2} 继续进行运算。以此类推, 从左至右经过 4 次运算后, 最后得到输出信号的频率 f_0 为

$$f_0 = (2.000\ 00 \sim 2.099\ 99)\text{MHz}$$

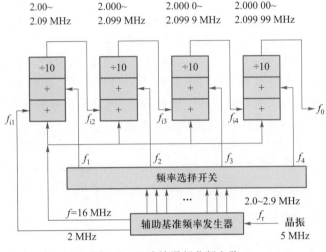

图 4.3.2　连续混频分频电路

　　根据频率选择开关的状态, 该电路可以输出 10 000 个频率, 频率间隔 $\Delta f = 10$ Hz, 这就是图 4.3.2 所示连续混频分频电路的频率分辨率。如果串接更多的运算单元, 就可以获得更小的频率间隔, 从而进一步提高频率分辨率。

4.3.3　直接数字频率合成法

　　直接模拟频率合成法是指通过基准频率人为地进行加减乘除算术运算得到所需的输出频率。自 20 世纪 70 年代以来, 由于大规模集成电路的发展及计算机技术的普及, 出现了另一种信号合成方法——直接数字频率合成法(DDS)。它从"相位"的概念出发进行频率合成, 不仅可以得到不同频率的正弦波, 而且还可以得到不同初始相位的正弦波, 甚至可以得到任意波形。

　　以 ROM 为基础的 DDS 原理电路如图 4.3.3 所示。以合成正弦波为例, 首先, 把一个周期的正弦波按照一定的相位间隔分成若干离散点。若离散点用 A 位二进制数表示, 则可分为 2^A 个离散点, 于是可得两个离散点的间隔为

$$\theta_{\min} = \frac{2\pi}{2^A}$$

　　求出相应点的正弦函数值(设正弦波幅值为 1), 并用 D 位二进制数表示。将这些数值依次写入 ROM, 构成一个正弦表。

　　频率合成过程中, 在标准时钟(CLK)的作用下, 相位累加器按一定的间隔递增(间隔用 K 表示), 将其输出的 A 位二进制数作为地址码对 ROM 中的存储单元寻址。ROM 输出相应相位点的正弦函数值(D 位二进制数), 经 D/A 转换器转换为阶梯状的正弦

波。最后,用低通滤波器对阶梯信号进行平滑滤波,即可输出较为标准的正弦波。

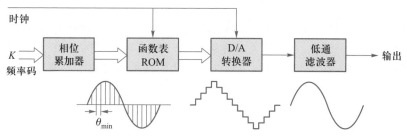

图 4.3.3　以 ROM 为基础的 DDS 原理电路

在特定的时钟频率 f_c 下,输出正弦波的频率取决于相位累加器每次累加数值 K 的大小,即

$$f_0 = K\frac{f_c}{2^A}$$

由上式可知,K 值越大,取完一个正弦周期所用的时钟周期越少,即输出正弦波的频率越大。对输出信号的相位控制是通过相位累加器设置不同的初始值来完成的。

4.3.4　间接合成法

间接合成法即锁相合成法,是利用锁相环(PLL)来实现频率的加减乘除运算,得到所需频率。

锁相是指自动实现相位的同步,而锁相环能将两个信号相位同步到自动控制系统。基本锁相环路是由相位比较器(PD)、环路滤波器(LPF)和压控振荡器(VCO)组成的闭合环路,如图 4.3.4(a)所示。

PD 即鉴相器,它比较 f_i 和 f_o 的相位差 $\Delta\varphi$,输出与相位差成比例的电压,称为误差电压 U_d。其鉴相特性如图 4.3.4(b)所示。

LPF 是一种 RC 低通滤波器,它滤去误差电压中的高频成分及噪声,以改善环路性能。

VCO 是在外加电压的作用下能改变其输出频率的振荡器,其压控特性如图 4.3.4 (c)所示。误差电压经滤波后送入 VCO,改变 VCO 的固有振荡频率 f_o,并使 f_o 向输入信号的频率靠拢,这个过程称为频率牵引。

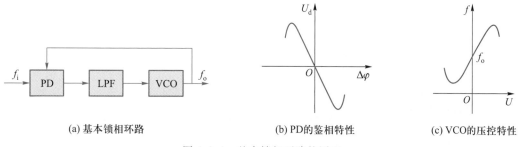

(a) 基本锁相环路　　　　　　(b) PD的鉴相特性　　　　　　(c) VCO的压控特性

图 4.3.4　基本锁相环路的原理

当 VCO 的输出频率 f_o 与输入频率 f_i 相等时,环路很快就稳定下来,此时 PD 两个

输入信号的相位差为一个恒定值,即 $\Delta\varphi = C$,C 为常量。这种状态称为环路的锁定状态,或称同步状态。

综上所述,锁相环的工作过程就是通过频率牵引达到相位锁定的过程。当环路锁定时,$f_\text{o} = f_\text{i}$,$\Delta\varphi = C$。通常,f_i 是石英晶体振荡器的振荡频率。因此,在环路锁定时,其输出频率具有与输入频率相同的频率特性。这就是锁相环的基本原理。

微课
函数信号发生器

4.4 函数信号发生器

函数信号发生器的输出波形均可用数学函数描述,故此得名。它能输出正弦波、方波、三角波、锯齿波等多种波形的信号,其中前三种最为常用,有的函数信号发生器还具有调制、调相、脉冲调制和 VCO 特性。函数信号发生器有很宽的频率范围(从几赫到几十兆赫),使用范围也很广,是一种不可缺少的通用信号发生器。

传统函数信号发生器产生信号的方法有三种:一种是脉冲式,用施密特电路产生方波,然后经变换得到三角波和正弦波;第二种是正弦波式,先产生正弦波,再得到方波和三角波;第三种是三角波式,先产生三角波,再转换为方波和正弦波。

新型函数信号发生器采用直接数字频率合成(DDS)技术。它不采用振荡器,而是通过数字合成的方法产生一连串的数字流,再经 D/A 转换和低通滤波电路输出预先设定的模拟信号。

4.4.1 脉冲式函数信号发生器

脉冲式函数信号发生器原理电路如图 4.4.1 所示,它主要由脉冲发生器、施密特触发器、积分器、正弦波转换器和缓冲放大器等构成。

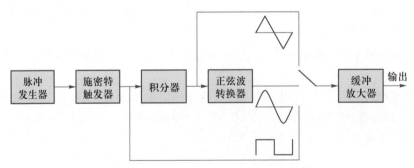

图 4.4.1 脉冲式函数信号发生器原理电路

其工作原理如下:脉冲发生器产生脉冲信号,由施密特触发器变换成方波信号,方波信号经积分器积分形成三角波信号,三角波信号经正弦波转换器转换成正弦波信号。缓冲放大器通过开关选择输出信号的波形。缓冲级接在选择开关和放大器之间,可减小放大器对前级的影响。

4.4.2 正弦波式函数信号发生器

正弦波式函数信号发生器原理电路如图 4.4.2 所示,它主要由正弦波发生器、微分电路、方波形成电路、三角波形成电路和缓冲放大器构成。

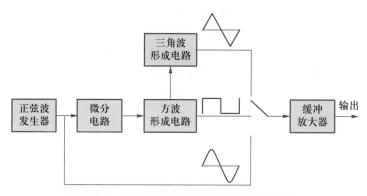

图 4.4.2　正弦波式函数信号发生器原理电路

其工作原理如下:正弦波发生器产生正弦波信号,正弦波信号经微分电路、方波形成电路(单稳态触发电路)形成脉冲宽度可调的方波信号,方波信号经三角波形成电路形成三角波信号。

4.4.3　三角波式函数信号发生器

三角波式函数信号发生器原理电路如图 4.4.3 所示,它主要由三角波发生器、方波形成电路、正弦波形成电路和缓冲放大器构成。

其工作原理如下:三角波发生器产生三角波信号,三角波信号可经方波形成电路形成脉冲宽度可调的方波信号,也可经正弦波形成电路整形变换成正弦波信号。

4.4.4　DDS 函数信号发生器

要产生一个电压信号,传统的模拟信号发生器是采用电子元器件以各种不同的方式组成振荡器,其频率精度和稳定度都不高,而且工艺复杂、分辨率低,设置频率和实现计算机程控也

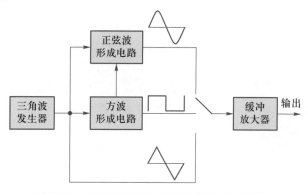

图 4.4.3　三角波式函数信号发生器原理电路

不方便。DDS 技术是后来发展起来的一种信号产生方法,完全没有振荡器元件,其工作原理如图 4.4.4 所示。

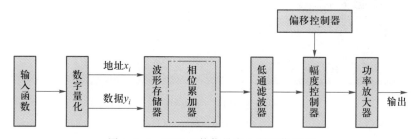

图 4.4.4　DDS 函数信号发生器工作原理

例如,要合成一个正弦波信号,首先对函数 $y = \sin x$ 进行数字量化,然后以 x 为地址,将要量化的数据 y 依次存入波形存储器。DDS 函数信号发生器使用相位累加技术来控制波形存储器的地址,在每一个采样时钟周期中,都把一个相位增量累加到相位累加器的当前结果上,通过改变相位增量即可改变 DDS 函数信号发生器的输出频率值。根据相位累加器输出的地址,由波形存储器取出波形量化数据,通过数模转换器和运算放大器转换成模拟电压。由于波形数据是间断的采样数据,所以 DDS 函数信号发生器输出的是一个阶梯正弦波形,必须通过低通滤波器将波形中所含的高次谐波滤除掉,输出的才是连续的正弦波。数模转换器内部带有高精度的基准电压源,因而保证了输出波形具有很高的幅度精度和幅度稳定性。

幅度控制器是一个数模转换器,根据操作者设定的幅度值,产生一个相应的模拟电压,然后与输出信号相乘,使输出信号的幅度等于操作者设定的幅度值。偏移控制器也是一个数模转换器,根据操作者设定的偏移值,产生一个相应的模拟电压,然后与输出信号相加,使输出信号的偏移等于操作者设定的偏移值。经过幅度控制器和偏移控制器的合成信号再经过功率放大器进行功率放大,最后由输出端口输出。

参考资料
SFG–1000 系列函数信号发生器说明书

微课
SFG–1013 型函数信号发生器面板说明

4.5　函数信号发生器典型产品介绍

SFG–1000 系列函数信号发生器采用 DDS 技术产生稳定且高分辨率的输出频率。该系列函数信号发生器采用 6 位 LED 数字显示的用户界面,能输出正弦波、方波、三角波信号,具有 TTL 输出、振幅控制、–40 dB 衰减、占空比控制、可调直流偏压控制、输出开关控制、电压显示、输出过载保护等功能,广泛用于教学、电子试验、科研开发、邮电通信、电子仪器测量等领域。

1. 面板说明

SFG–1013 型函数信号发生器实物及面板标注如图 4.5.1 所示。

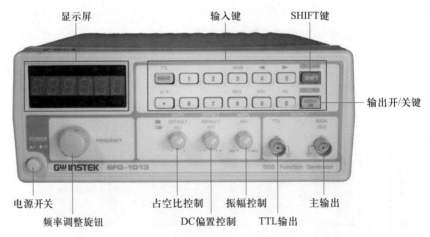

图 4.5.1　SFG–1013 型函数信号发生器实物及面板标注

（1）显示屏（见表 4.5.1）

表 4.5.1　SFG-1013 型函数信号发生器显示屏

名称	显示图像	说明
7 段 LED	**8.**	显示频率和电压
TTL 指示器	**TTL**	指示 TTL 输出是否动作
波形指示器	 ∼ ⊓ ⌒	指示输出波形：正弦波、方波和三角波
频率指示器	**M k Hz**	指示输出频率，单位为 MHz、kHz 或 Hz
电压单位	**m V**	指示电压单位：mV 或 V
−40 dB 指示器	**-40dB**	指示 −40 dB 衰减器是否动作

（2）输入键（见表 4.5.2）

表 4.5.2　SFG-1013 型函数信号发生器输入键

名称	按键	说明
波形键	WAVE	选择波形：正弦波、方波和三角波
产生 TTL	SHIFT → WAVE (TTL)	开启 TTL 输出
数字键	1 ∼ 0	输入频率
频率单位选择	SHIFT → 8 (MHz)　（9 (kHz)，0 (Hz)）	选择频率单位：MHz、kHz 或 Hz
光标选择	SHIFT →　◄ ►　4 或 5	左右移动光标，修正频率数值位置
−40 dB 衰减	SHIFT → 3 (-40dB)	调节衰减振幅为 −40 dB
频率/电压显示选择	• (V/F)	可在频率和电压间切换显示
SHIFT 键	SHIFT	选择输入键的第二功能键，当按下 SHIFT 键时，LED 灯会亮
输出开/关键	OUTPUT ON	输出 ON/OFF 切换，当输出键状态为 ON 时，LED 灯亮

2. 操作说明(见表 4.5.3)

表 4.5.3 SFG–1013 型函数信号发生器操作说明

输出信号	操作步骤	按键
正弦波 250 Hz–40 dB	按下波形键,选择正弦波	WAVE ∿
	按下 2+5+0+SHIFT+0(Hz)键	2 5 0 SHIFT 0 Hz
	按下输出键,按下 SHIFT+3(–40 dB)键	OUTPUT ON SHIFT 3 –40dB
三角波 8 kHz+2 V 偏置	按下波形键,选择三角波	WAVE ⋀
	按下 8+SHIFT+9(kHz)键	8 SHIFT 9 kHz
	按下输出键,然后拉出 DC 偏置控制旋钮并旋转	OUTPUT ON OFFSET – + ADJ
方波 1 MHz 占空比 45%	按下波形键,选择方波	WAVE ⊓
	按下 1+SHIFT+8(MHz)键	1 SHIFT 8 MHz
	按下输出键,然后拉出占空比控制旋钮并旋转	OUTPUT ON DUTY ADJ
TTL 输出 10 kHz	按下 SHIFT+WAVE(TTL)键	SHIFT WAVE TTL
	按下 1+0+SHIFT+9(kHz)键	1 0 SHIFT 9 kHz
	按下输出键	OUTPUT ON

动画
信号发生器输出三角波

动画
信号发生器输出正弦波

任务 5

波形的测量与检验（模拟示波器）

任务目标

① 能够根据电路输出波形的检验标准,制定测量与检验方案,拟定电路检测的内容、方法,并编写电路输出波形的测试任务单;

② 能够根据抽样方案,合理地进行抽样;

③ 能够使用函数信号发生器模拟输入信号;

④ 能够使用模拟示波器显示和测量被测信号;

⑤ 能够正确填写测试任务单;

⑥ 能够对示波器、信号发生器进行日常维护、保养和维修;

⑦ 能够根据测量参数,选择合适的测量仪器。

任务实施

子任务 1:用模拟示波器观测波形。

任务描述:在模拟示波器处于 $X-Y$ 状态下,观测如下波形。

① ch1 接 0 V,ch2 接 0 V。

② ch1 接 0 V,ch2 接+5 V。

③ ch1 接-5 V ,ch2 接 0 V。

④ ch1 接+5 V ,ch2 接-5 V。

⑤ ch1 接正弦波($V_{P-P}=2$ V,$f=1$ kHz),ch2 接 0 V。

⑥ ch1 接 0 V,ch2 接正弦波($V_{P-P}=2$ V,$f=1$ kHz)。

⑦ ch1、ch2 均接同一交流信号($V_{P-P}=2$ V,$f=1$ kHz)。

任务要求:

① 编写测试任务单,并描述所观测到的试验现象。

② 理解试验现象产生原因。

子任务2:合成信号产生电路输出波形的测量与检验。

任务描述:组建图5.0.1所示电路,其中A端为直流信号(+5 V),B端为交流信号(电压峰-峰值为4 V,频率为1 kHz),用模拟示波器观测输出波形。

任务要求:

① 在模拟示波器上正确显示波形,并读出数据。

② 设计并填写测试任务单。

子任务3:滞后电路输出波形的测量与检验。

任务描述:组建图5.0.2所示电路,其中U_i为输入信号($V_{P-P} = 10$ V,$f = 1$ kHz 的正弦波),用模拟示波器观测输出波形。

任务要求:

① 在模拟示波器上正确显示波形,并读出数据。

② 设计并填写测试任务单。

子任务4:运放电路输出波形的测量与检验。

任务描述:组建图5.0.3所示电路,其中$R_1 = R_2 = R_3 = 1$ kΩ。

① U_i为5 V直流信号时,观测输出波形。

② U_i为幅值为5 V,频率为1 kHz的交流信号时,观测输出波形。

任务要求:

① 编写测试任务单,并描述所观察到的试验现象。

② 理解试验现象产生原因。

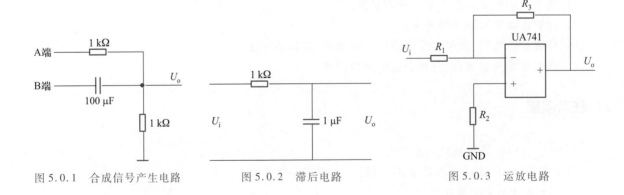

图5.0.1 合成信号产生电路   图5.0.2 滞后电路   图5.0.3 运放电路

任务指导

5.1 电子示波器概述

电子示波器(简称示波器)是电子测量中最常用的一种仪器。示波器可以直观地显示电信号的时域波形图像,根据波形可获得信号的电压、频率、周期、相位、调幅系数等参数;也可以间接地观测电路的有关参数及元器件的伏安特性。通过各种传感器,示波器还可以测量各种非电量,如心率、体温、血压等人体的某些生理指标。示波器也可以工作在 X-Y 模式下,用来反映相互关联的两个信号的关系。所以,在科学研究、工农业生产、医疗卫生等方面,示波器都获得了广泛的应用。

根据示波器对信号处理方式的不同,可将其分为模拟示波器和数字示波器两大类。模拟示波器采用模拟方式对被测信号进行处理和显示。数字示波器将被测信号经 A/D 转换器转换成数字信号,然后写入存储器中;需要读出时,再将存储的数字信号经 D/A 转换器还原为原来的波形,在屏幕上显示出来。

本书介绍通用的模拟示波器和数字示波器。虽然目前数字示波器已占主导地位,但模拟示波器是数字示波器的基础,数字示波器的基本原理、术语、技术指标和应用方法都是在模拟示波器的基础上发展起来的,有些领域还在应用模拟示波器及其相关的技术产品,因此本书先讲解模拟示波器,然后讨论数字示波器。

5.2　示波器测量的基本原理

工作中常需要掌握电信号的相关参数,如随时间变化的波形形状、电压、频率、周期等,而电信号却无法被人类感官直接感知,因此需要借助示波器将电信号按特定规律显示出来,以便对其进行参数测量。那么,如何将电信号转换为人类眼睛可感知的图像,并确保显示的图像稳定、清晰,便于观测呢?以下介绍示波器测量的基本原理和通用示波器的结构组成,并逐步分析示波器如何解决上述问题。

5.2.1　阴极射线示波管

微课
阴极射线示波管

目前,阴极射线示波管是模拟示波器显示波形的主要器件。普通示波管的结构及供电电路如图 5.2.1 所示。示波管主要由电子枪、偏转系统和荧光屏三部分组成,它们被密封在一个抽成真空的玻璃壳内。

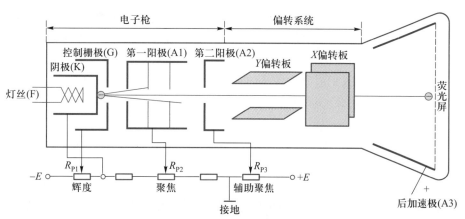

图 5.2.1　普通示波管结构及供电电路

1. 电子枪

电子枪由灯丝(F)、阴极(K)、控制栅极(G)、第一阳极(A1)、第二阳极(A2)和后加速极（A3）组成。其作用是发射电子并形成很细的高速电子束，轰击荧光屏使之发光。

灯丝（F）用于加热阴极（K）。阴极（K）是一个表面涂有氧化物的金属圆筒，在灯丝加热下发射电子。控制栅极（G）是封闭式中心开孔的金属圆筒，小孔对准阴极的发射面。阴极（K）的负电位是可变的，用来控制射向荧光屏的电子束的密度，从而改变荧光屏上波形的辉度（亮度）。控制栅极（G）负电位的绝对值越大，打到荧光屏上的电子数目越少，图案越暗；反之越亮。调节辉度电位器 R_{P1} 改变控制栅极（G）和阴极（K）之间的电位差即可达到此目的，因此 R_{P1} 在面板上的对应旋钮标为"辉度"。

第一阳极（A1）和第二阳极（A2）均为形状不同的圆筒，加上一定的电压，对电子束有加速作用，同时和控制栅极（G）构成对电子束的控制系统，起聚焦作用。调节 R_{P2} 可改变第一阳极（A1）的电位，调节 R_{P3} 可改变第二阳极（A2）的电位，恰当调节这两个电位器，可使电子束恰好在荧光屏上会聚成细小的点，保证显示波形的清晰度。因此 R_{P2} 和 R_{P3} 在面板上的对应旋钮分别标为"聚焦"和"辅助聚焦"。

需要指出的是，调节辉度时会使聚焦受到影响，因此，示波管的辉度与聚焦并非相互独立，而是有关联的。在使用示波器时，二者应该配合调节。

后加速极（A3）是涂在示波管内壁上的一层石墨粉，加有很高的正电压，其主要作用是进一步加速电子束，以获得足够的亮度。

2. 偏转系统

偏转系统的作用是控制电子束在垂直和水平方向上的位移。

偏转系统在第二阳极（A2）的后面，由两对相互垂直的偏转板（金属板）组成，Y 偏转板在前（靠近第二阳极），X 偏转板在后。两对偏转板各自形成静电场，分别控制电子束在垂直方向和水平方向的偏转，且电子束在屏幕上的偏转距离正比于加到偏转板上的电压。

示波管垂直偏转因数（D_y），单位为 V/cm（或 V/div），表示光点在 Y 方向偏转 1 cm（1 div）所需加在 Y 偏转板上的电压值（峰–峰值）。

3. 荧光屏

示波管的荧光屏是在内表面涂上一层磷光物质制成的。这种由磷光物质组成的荧光膜在受到高速电子轰击后将产生辉光。电子束消失后，辉光仍可保持一段时间，称为余辉效应。正是由于荧光物质的余辉效应以及人眼的视觉滞留效应，当电子束随信号电压偏转时，才使人们看到由光点的移动轨迹形成的整个信号的波形。

当高速电子束轰击荧光屏时，其动能除转变成光外，也将产生热。当过密的电子束长时间集中于屏幕同一点时，由于过热会减弱磷光物质的发光效率，严重时可能把屏幕上的这一点烧成一个黑斑，所以在使用示波器时不应当使光点长时间停留于一个位置。

为了定量地进行电压大小和时间长短的测量，会在荧光屏的外边加一块用有机玻璃制成的外刻度片，标有垂直和水平方向的刻度。也有的将刻度线刻在荧光屏的内侧，称为内刻度，它可以消除因波形与刻度线不在同一平面所造成的视觉误差。一般水平方向为 10 格，垂直方向为 8 格。

5.2.2 波形显示原理

微课
波形显示原理

1. 波形显示

示波器之所以能用来观测信号波形是基于示波管的线性偏转特性,即电子束(从观测效果看,即屏幕上的光点)在垂直和水平方向上的偏转距离正比于加到相应偏转板上的电压的大小。电子束沿垂直和水平两个方向的运动是相互独立的,打在荧光屏上的光点的位置取决于同时加在两副偏转板上的电压。

当两副偏转板上不加任何信号时,光点处于荧光屏的中心位置。若只在垂直偏转板上加一个随时间产生周期性变化的被测电压,则电子束沿垂直方向运动,其轨迹为一条竖直线段,如图 5.2.2 所示;若只在水平偏转板上加一个周期性电压,则电子束运动轨迹为一条水平线,如图 5.2.3 所示。

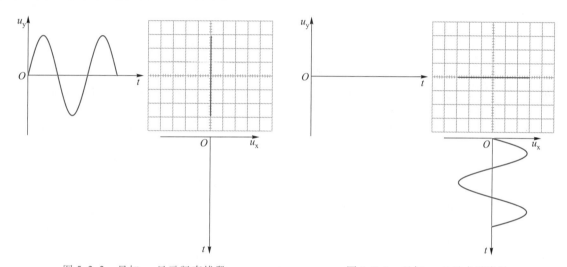

图 5.2.2 只加 u_y 显示竖直线段 　　　　图 5.2.3 只加 u_x 显示水平线段

被测电压是时间的函数,可用 $u_y = f(t)$ 表示。对于任一时刻,它都有确定的值与之相对应。要在荧光屏上显示被测电压波形,就要把屏幕作为一个直角坐标系,其垂直轴作为电压轴,水平轴作为时间轴,使电子束在垂直方向的偏转距离与被测电压的瞬时值成正比,在水平方向的偏转距离与时间成正比,也就是使光点在水平方向做匀速运动。要达到此目的,就应在示波管的水平偏转板上施加随时间呈线性变化的锯齿波电压。

2. 扫描

在观测信号时,应在水平偏转板上施加锯齿波电压,通常称之为扫描电压。当仅在水平偏转板施加锯齿波电压时,光点沿水平方向从左向右做匀速运动。当扫描电压达到最大值时,光点亦达到最大偏转,然后从该点迅速返回起始点。若扫描电压重复变化,在屏幕上就显示一条亮线,如图 5.2.4 所示,这个过程称为扫描。光点由左边起始点到达最右端的过程称为扫描正程,而迅速返回起始点的过程称为扫描回程或扫描逆程,如图 5.2.5 所示;理想扫描电压的扫描回程时间为零,如图 5.2.6 所示。上述水平亮线称为扫描线。

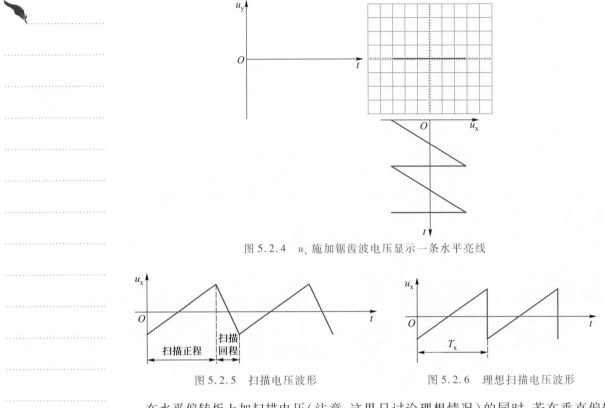

图 5.2.4 u_x 施加锯齿波电压显示一条水平亮线

图 5.2.5   扫描电压波形

图 5.2.6   理想扫描电压波形

在水平偏转板上加扫描电压(注意:这里只讨论理想情况)的同时,若在垂直偏转板上加被测信号电压,就可以将其波形显示在荧光屏上,如图 5.2.7 所示。

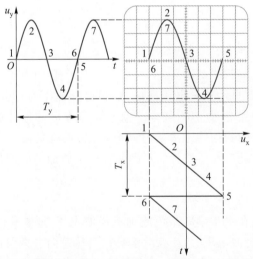

图 5.2.7   波形显示原理

图 5.2.7 中,被测电压 u_y 的周期为 T_y,如果扫描电压的周期 T_x 正好等于 T_y,则在 u_y 与 u_x 的共同作用下,光点移动的光迹正好是一条与 u_y 相同的曲线(此处为正弦曲线)。光点从 1 点经过 2、3、4 至 5 点的移动为扫描正程,从 5 点迅速返回 6 点的移动为扫描回程。图 5.2.7 中设扫描回程的时间为零。

由于扫描电压 u_x 随时间做线性变化,所以屏幕的水平轴就称为时间轴。光点在水平方向的偏转距离代表了时间长短,故也称扫描线为时间基线。

上面讲的是 $T_x = T_y$ 的情况。如果使 $T_x = 2T_y$,则在荧光屏上会显示图 5.2.8 所示的波形。由于波形多次重复出现,而且重叠在一起,所以可观察到一个稳定的图像。

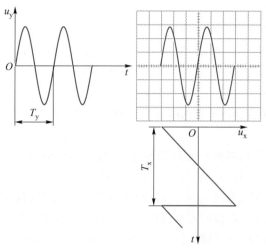

图 5.2.8　$T_x = 2T_y$ 时的显示波形

由此可见,如想增加显示波形的周期数,则应增大扫描电压 u_x 的周期,即降低 u_x 的扫描频率。荧光屏显示被测信号的周期个数就等于 T_x 与 T_y 之比 $n(n$ 为正整数)。

3. 同步

上文讲到,当 $T_x = nT_y$ 时,可以稳定显示 n 个周期的 u_y 波形。如果 T_x 不是 T_y 的整数倍,结果又会怎么样呢? 图 5.2.9 所示为 $T_x = \dfrac{3}{2}T_y$ 时的情况。设 u_y 为正弦电压,

微课
同步显示原理

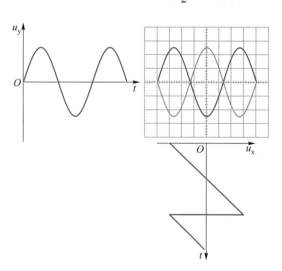

图 5.2.9　$T_x = \dfrac{3}{2}T_y$ 时的显示波形

u_x 为周期性的锯齿波电压。第一个扫描周期显示出 $\frac{3}{2}$ 个周期的波形,并且从最右端迅速跳到最左端,再开始第二个扫描周期,显示出后 $\frac{3}{2}$ 个周期的波形……每次显示的波形都不重叠,产生向左"跑动"的现象。

如果 $T_x = \frac{1}{2}T_y$,则产生波形向右"跑动"的现象。这两种情况下显示的波形都是不稳定的,这是在调节过程中经常出现的现象。这是因为 T_x 和 T_y 不成整数倍的关系,使得每次扫描的起点不能对应于被测信号的相同相位点。所以,为了在屏幕上获得稳定的波形显示,应保证每次扫描的起始点都对应于信号的相同相位点,这个过程称为同步。

总之,电子束在被测电压与同步扫描电压的共同作用下,光点在荧光屏上所描绘的图形反映了被测信号随时间变化的过程,当图形多次重复就构成稳定的图像。

4. 扫描过程中的增辉

在以上讨论中假设扫描回程时间为零,但实际上扫描回程是需要一定时间的,在这段时间内扫描电压和被测信号共同作用,这就会对显示波形产生一定的影响。为使扫描回程产生的波形不在荧光屏上显示,可以设法在扫描正程期间使电子枪发射更多的电子,即给示波器增辉;或在扫描回程期间使电子枪发射的电子减少,即给示波器消隐。

增辉可以通过在扫描正程期间给示波管控制栅极(G)加正脉冲或给阴极(K)加负脉冲来实现,消隐时给 G 和 K 所加的脉冲极性正好相反。可在示波器中设置增辉电路(又称为 Z 轴电路,Z 通道),使扫描正程时光迹加亮,扫描回程时光迹消隐。

5. X–Y 显示方式

微课
X–Y 显示方式

若加在水平偏转板上的不是由示波器内部产生的扫描锯齿波信号,而是另一路被测信号,则示波器工作于 X–Y 显示方式,它可以反映加在两副偏转板上的电压信号之间的关系。如果两副偏转板上都加正弦波电压,则荧光屏上显示的图形称为李沙育图形。

两个偏转板都加同频率正弦波电压时,若两信号相位相同,则显示一条斜线,如图 5.2.10 所示;若两相位相差 90°,则显示一个圆,如图 5.2.11 所示。

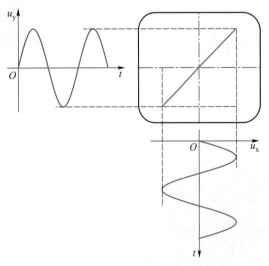

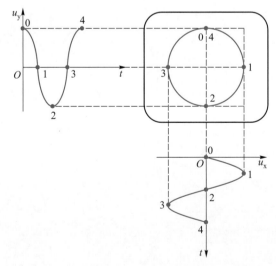

图 5.2.10 u_x 与 u_y 同相位时显示的李沙育图形   图 5.2.11 u_y 超前 u_x 90°时显示的李沙育图形

5.3 通用示波器

5.3.1 通用示波器概述

1. 通用示波器的组成

通用示波器主要由示波管、垂直系统(Y 通道)和水平系统(X 通道)三部分组成，此外还包括电源及校准信号发生器，如图 5.3.1 所示。

微课
通用示波器的组成

图 5.3.1 通用示波器的主要组成

通用示波器的构成如图 5.3.2 所示。

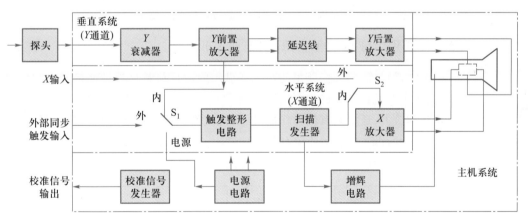

图 5.3.2 通用示波器构成

（1）垂直系统（Y 通道）

垂直系统由 Y 衰减器、Y 前置放大器、延迟线及 Y 后置放大器等组成。其主要作用是放大、衰减被测信号电压，使之达到最大幅度，以驱动电子束做垂直偏转。

（2）水平系统（X 通道）

水平系统由触发整形电路、扫描发生器及 X 放大器等组成。其作用是产生与被测信号同步的扫描锯齿波信号并加以放大，以驱动电子束进行水平扫描，显示稳定的波形。

（3）主机系统

主机系统主要包括示波管、显示电路、增辉电路、电源电路和校准信号发生器。电源电路用于将交流电变换成多种高、低电压源,以满足示波管及其他电路的工作需要。显示电路给示波管的各电极加上一定数值的电压,使电子枪产生高速聚拢的电子流。校准信号发生器则提供幅度、周期都很精准的方波信号,用于校准示波器的有关性能指标。

2. 通用示波器的主要性能

(1) 频带宽度

频带宽度(不加说明均指 Y 通道)是指上限频率 f_H 与下限频率 f_L 之差。现代示波器的 f_L 一般延伸到 0 Hz(直流),因此频带宽度可以用上限频率 f_H 来表示。Y 通道的频带宽度 f_H 与上升时间 t_r 的关系满足 $f_H t_r \approx 0.35$,该式反映示波器跟随输入信号快速变化的能力。

(2) 偏转因数

偏转因数是指输入信号在无衰减的情况下,光点在屏幕的 Y 方向上偏转单位距离所需的电压峰-峰值,单位为 V/cm 或 V/div。偏转因数的下限表征示波器观测微弱信号的能力,而其上限则表征示波器输入允许施加的最大电压(峰-峰值)。

(3) 输入阻抗

Y 通道的输入阻抗包括输入电阻 R_{in} 和输入电容 C_{in}。R_{in} 越大越好,C_{in} 越小越好。该参数为使用者提供了估算示波器输入电路对被测电路产生影响的依据。

(4) 扫描速度

扫描速度常用时基因数表示。在无扩展的情况下,光点在屏幕的 X 方向上偏转单位距离所需的时间称为时基因数,单位为 s/cm、ms/cm、μs/cm 或 s/div、ms/div、μs/div。

5.3.2　通用示波器的垂直系统(Y 通道)

微课
通用示波器的垂直系统(Y 通道)

用示波器观测信号时,要想使荧光屏显示的波形尽量接近被测信号本身所具有的波形,就要求 Y 通道应准确地再现输入信号。Y 通道要探测被测信号,并对它进行不失真的衰减和放大,还要具有倒相作用,以便将被测信号对称地加到 Y 偏转板。另外,为了和 X 通道相配合,Y 通道还应有延时功能,并能向 X 通道提供内触发源。Y 通道基本组成如图 5.3.3 所示。

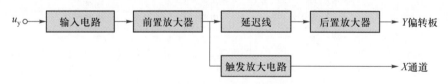

图 5.3.3　Y 通道基本组成

1. 输入电路

输入电路的基本作用是引入被测信号,并为前置放大器提供良好的工作条件。它在输入信号与前置放大器之间起阻抗变换、电压变换的作用。

输入电路应有适当的通频带、适当的输入阻抗、较高的灵敏度、大的过载能力、适当的耦合方式,尽可能靠近被测信号源,一般采取平衡对称输出。

根据上述要求,Y 通道输入电路组成如图 5.3.4 所示。

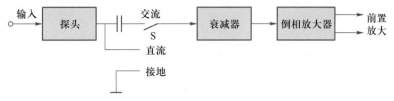

图 5.3.4 Y 通道输入电路组成

(1)探头

探头的作用是便于直接探测被测信号,提供示波器的高输入阻抗,减小波形失真及展宽示波器的工作频带等。探头分有源探头及无源探头。有源探头具有良好的高频特性,分压比为 1:1,适用于探测高频小信号。无源探头应用广泛,常用分压比为 1:1 或 10:1。图 5.3.5 所示为无源探头等效电路。图中,C 是可变电容,调整 C 可对频率变化的影响进行补偿。

(2)耦合方式选择开关

耦合方式选择开关有 AC、DC、GND 三个挡位,如图 5.3.6 所示。

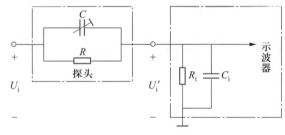

图 5.3.5 无源探头等效电路　　图 5.3.6 耦合方式选择开关

① AC 挡:交流耦合,用于观测交流信号。

② DC 挡:直流耦合,用于观测频率很低的信号或带有直流分量的交流信号。

③ GND 挡:接地,用于确定零电压。

(3)衰减器

衰减器为步进衰减器,其作用是在测量较大信号时,先经衰减再输入,使信号在 Y 通道传输时不至于因幅度过大而失真。输入电路一般采用具有频率补偿的阻容衰减器,如图 5.3.7 所示。

对于不同的衰减量,Y 通道中都有一个与之对应的阻容衰减器,这样,当需要改变衰减量时,可以通过切换开关切换不同的衰减电路来实现。

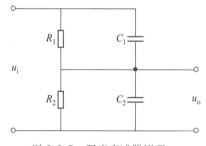

图 5.3.7 阻容衰减器原理

图 5.3.7 所示电路中,R_1、R_2 主要对直流及低频交流信号进行衰减,C_1、C_2 主要对较高频率信号进行衰减。当 $R_1C_1 = R_2C_2$ 时,分压电路的衰减量与信号频率无关,其值恒为 $R_2/(R_1+R_2)$。

注　意

　　衰减器切换开关的转换在仪器面板上标注的不是衰减倍率,而是示波器的偏转因数(或偏转灵敏度)。

（4）倒相放大器

倒相放大器的作用是将来自衰减器的单端输入信号转换为双端输出的对称信号送给 Y 前置放大器，以便将被测信号对称地加到 Y 偏转板。倒相放大器常采用差分式倒相放大器，具有对称性好、频带宽、有放大能力的优点。

2. 延迟线

延迟线电路能够无失真并有一定延迟地传送信号。因为在触发扫描时，必须达到一定的触发电平才能开始扫描，因此扫描开始的时间总是滞后于被测脉冲一段时间。在 Y 通道中插入延迟线的目的，就是为了补偿 X 通道中固有的时间延迟，使被测信号在时间上比扫描信号稍迟一些到达偏转板。这样就可以从荧光屏上观察到被测信号的起始部分，以保证在屏幕上扫描出包括上升时间在内的脉冲全过程。

3. Y 放大器

通常把 Y 放大器分成 Y 前置放大器和 Y 后置（输出）放大器两部分。

前置放大器的输出信号一方面引至触发放大电路，作为同步触发信号；另一方面经过延迟线以后引至后置放大器。这样就使加在 Y 偏转板上的信号比同步触发信号滞后一定的时间，保证在荧光屏上可以看到被测脉冲的前沿。

前置放大器担负着 Y 通道的主要电压放大任务，其输出电压要达到足够推动输出级所需电平；后置放大器的基本作用是将延迟线传来的被测信号放大到足够的幅度，用以驱动示波管的垂直偏转系统，使电子束获得 Y 方向的满偏转。

4. 触发放大电路

设置触发放大电路的目的是使从延迟线之前引出的被测信号，先经过此电路加以放大，以便有足够幅度去驱动触发整形电路。

5.3.3　通用示波器的水平系统（X 通道）

示波器 X 通道的主要任务是：产生并放大一个与时间呈线性关系的锯齿波电压，该电压使电子束沿水平方向随时间线性移动，形成时间基线；同时要能选择适当的触发或同步信号，并在此信号作用下产生稳定的扫描电压，以确保显示波形的稳定；还要能产生增辉或消隐信号去控制示波器的 Z 通道。

为了完成上述功能，现代通用示波器的 X 通道一般包括触发整形电路、扫描发生器和 X 放大器，如图 5.3.8 所示。

图 5.3.8　X 通道的基本组成

1. 触发整形电路

触发整形电路的任务是将不同来源、波形、幅度、极性及频率的触发源信号转换成具有一定幅度、宽度、陡峭度和极性的触发脉冲，去触发时基闸门以实现同步扫描。

触发整形电路的原理如图 5.3.9 所示。

（1）触发源选择

通过转换开关 S_1 可选择不同的触发源。

① 内触发（INT）：采用来自 Y 通道的被测信号作为触发源。

微课
触发整形电路

② 外触发（EXT）：采用由外触发输入端输入的外接信号触发扫描电路。当被测信号不适宜作为触发源或为了比较两个信号的时间关系等时，可外接一个与被测信号有严格同步关系的信号来触发扫描电路。

③ 电源触发（LINE）：采用市电降压以后的 50 Hz 正弦波作为触发源，适用于观测与 50 Hz 交流有同步关系的信号。

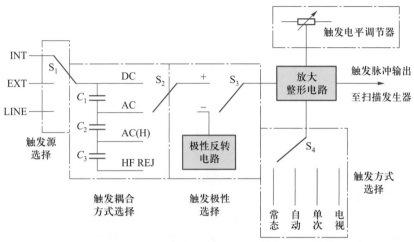

图5.3.9　触发整形电路的原理

（2）触发耦合方式选择

通过开关 S_2 可选择不同的触发耦合方式。

① 直流耦合（DC）：用于接入直流或变化缓慢的信号，或者频率很低且含有直流成分的信号。一般用于外触发或连续扫描方式。

② 交流耦合（AC）：用于观测由低频到较高频率的信号。内触发、外触发、电源触发均可使用，是常用的一种耦合方式。

③ 低频抑制耦合［AC(H)］：触发信号的低频分量被抑制，从而削弱了低频干扰对触发的影响。

④ 高频抑制耦合（HF REJ）：触发信号的高频分量被抑制，从而削弱了高频噪声对触发的影响。

（3）触发极性选择和触发电平调节

触发极性和触发电平决定了触发脉冲产生的时刻，并决定扫描的起点，对它们进行设置可便于对波形的观测和比较。

通过开关 S_3 可选择不同的触发极性。触发极性是指触发点位于触发源信号的上升沿还是下降沿。触发点位于触发源信号的上升沿为正极性，触发点位于触发源信号的下降沿为负极性。触发电平指触发脉冲到来时所对应的触发放大器输出电压的瞬时值。图 5.3.10 所示为触发极性和触发电平的实例。

（4）触发方式选择

通过开关 S_4 可选择不同的触发方式，包括常态、自动、单次、电视等。

① 常态：当没有触发信号时，扫描发生器不工作，屏幕上只有一个光点；当有适当幅度的触发信号输入时，扫描发生器能在触发信号激励下产生扫描信号。

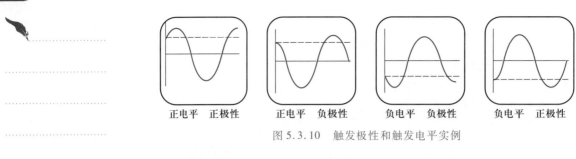

图 5.3.10　触发极性和触发电平实例

② 自动:当没有触发信号时,扫描发生器工作于自激状态下,屏幕上显示一条时间基线,这便于观测和校准时间基线在屏幕上的位置;一旦有触发信号且其频率高于自激振荡频率,则振荡器由触发信号同步而形成触发扫描。"自动"触发方式不适合观测脉冲信号和频率较低的信号。

③ 单次:扫描发生器在触发脉冲作用下只产生一个周期的扫描信号,然后处于闭锁状态,不再接收触发信号。如需进行第二次扫描,必须先恢复扫描发生器为等待状态。"单次"触发方式用于观测单次瞬变信号和非周期信号。

④ 电视:用于观测电视信号。电视信号比较特殊,它由场同步、行同步、图像信号等组合而成。为了在示波器上稳定地显示电视信号的波形,示波器的扫描发生器应和场同步脉冲或行同步脉冲同步,而不能让随机性的图像信号干扰扫描发生器的工作。对于具有"电视"触发功能的示波器,其触发脉冲产生器除具有一般示波器的触发功能外,还具有不让图像信号进入触发脉冲发生器和能从电视信号中分离出场同步脉冲和行同步脉冲的功能。

⑤ 放大整形电路

放大整形电路一般由电压比较器、施密特电路、微分及削波电路组成。电压比较器将触发信号与触发电平调节器确定的电平进行比较,其输出信号再经整形电路产生矩形脉冲,经微分、削波电路后变为扫描发生器所要求的触发脉冲。

2. 扫描发生器

微课
扫描发生器

扫描发生器也称为时基电路,它是 X 通道的核心,其作用是产生线性变化的锯齿波扫描电压。为使显示的波形清晰、稳定,要求扫描电压线性度好、频率稳定、幅度相等且同步良好。根据测试要求,扫描时基因数应能调节。

扫描发生器的原理如图 5.3.11 所示。它由时基闸门、扫描电压产生电路、电压比较器及释抑电路组成,并组成一个闭环电路,故也称为扫描发生器环。

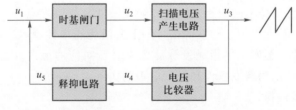

图 5.3.11　扫描发生器原理

时基闸门接收三个方面的输入信号:"稳定度"旋钮电位器(有些示波器面板上没有这一旋钮)提供的直流电压信号、X 通道触发整形电路产生的触发脉冲和释抑电路产生的释抑信号。扫描发生器实为一种锯齿波产生器。电压比较器和释抑电路是确定扫描电压幅度和稳定性的主要电路,决定了扫描的终止时刻。时基闸门一旦触发,释抑电路就抑制触发脉冲对时基电路的触发作用,直到本次扫描过程结束,即扫描电压回到起始电平后,释抑电路才释放时基闸门。

　　扫描发生器的工作波形如图 5.3.12 所示。起始时刻,时基闸门输出低电平,扫描正程开始。当扫描电压 u_3 到达参考电压 E_r 时,电压比较器的输出电压 u_4 从低电平转换为高电平,释抑电路的电容器开始充电,释抑电路的输出电压 u_5 上升。当时基闸门收到的信号 u_1 上升至时基闸门的上触发电平 E_1 时,时基闸门关闭,扫描正程结束,扫描回程开始。在扫描回程期间,特别是扫描回程开始段,扫描电压 u_3 下降很快,经过回程时间 t_b 回到起始电压。当扫描电压 u_3 下降到比较电压 E_r 时,电压比较器的输出电压 u_4 从高电平变为低电平。由于释抑电路中的电容放电缓慢,经过释抑时间 t_h,释抑电路的输出电压 u_5 回到初始电平。这样释抑电路就抑制了触发脉冲对时基闸门的触发作用,使得每一次扫描都从相同的电平开始。

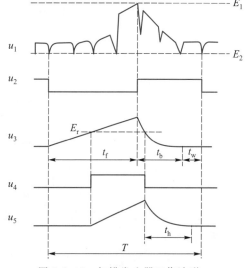

图 5.3.12　扫描发生器工作波形

　　图 5.3.12 中,t_f 为锯齿波电压扫描正程时间,t_b 为锯齿波电压扫描回程时间,t_w 为等待时间,t_h 为释抑时间。要求 t_h 一定要大于或等于 t_b,从而保证下次扫描从同样的初始电平开始。

　　3. X 放大器

　　X 放大器的作用主要是放大扫描电压,使电子束在水平方向获得足够偏转,同时还兼设扩展扫描、水平位移、寻迹等功能。当示波器工作于 $X-Y$ 显示方式时,X 放大器则作为 X 外接输入信号的传输通道。

微课
X 放大器

5.3.4　双踪示波器

　　双踪示波器使用单束示波管,利用 Y 轴电子开关,采用时间分割的方法轮流地将两个信号接至同一垂直偏转板,实现双踪显示。

　　双踪示波器仍属于通用示波器,与一般的单踪示波器相比,其不同之处在于在 Y 通道中多设置了一个前置放大器、两个门电路和一个电子开关。图 5.3.13 所示为双踪示波器简化结构。

微课
双踪示波器

　　双踪示波器的显示方式有五种:Y_A、Y_B、$Y_A \pm Y_B$、交替和断续。前三种均为单踪显示,Y_A、Y_B 与普通示波器相同,只有一个信号;$Y_A \pm Y_B$ 显示的波形为两个信号的和或差。交替和断续是两种双踪显示方式,下面重点讨论这两种显示方式。

微课
交替和断续显示

　　1. 交替

　　双踪示波器工作于交替显示方式时,电子开关的转换频率受扫描电路控制,以一个扫描周期为间隔,电子开关轮流接通 Y_A 和 Y_B。如第一个扫描周期,电子开关接通 Y_A 的信号 u_A,使它显示在荧光屏上;则第二个扫描周期,电子开关接通 Y_B 的信号 u_B,使它显示在荧光屏上;第三个扫描周期再接通 Y_A,显示 u_A……即每隔一个扫描周期,交替轮换一次,如此反复,如图 5.3.14 所示。若扫描频率较高,两个信号轮流显示的速度很快,便会由于荧光屏的余辉效应和人眼的视觉滞留效应而获得两个波形"同时"显示的效果。但是当扫描频率较低时,就能看到交替显示波形的过程,即会出现波形闪烁现象。因此,这种显示方式只适用于被测信号频率较高的场合。

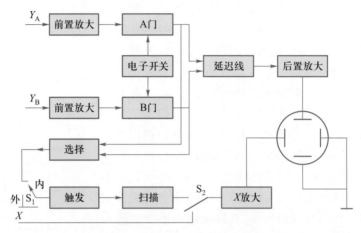

图 5.3.13　双踪示波器简化结构

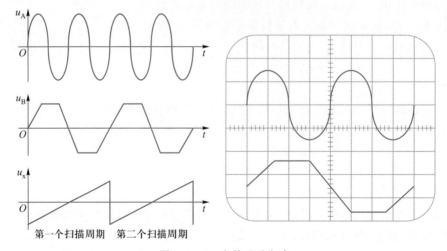

图 5.3.14　交替显示方式

需要注意的是,交替显示方式下容易产生所谓的"相位误差"。若示波器处于交替触发状态,即显示 Y_A 信号时用 u_A 信号触发,显示 Y_B 信号时用 u_B 信号触发,则原来有相位差的两个信号会显示为相位相同的信号。例如,两个被测信号 u_{x1}、u_{x2} 相位差为 $180°$,如图 5.3.15(a)所示。若采用交替触发方式(设触发条件为 0 电平、正极性,下同),则显示效果如图 5.3.15(b)所示,此时观测到的相位差为 0,即产生了相位误差。解决的办法是用相位超前的信号作为固定的内触发源,或者改用断续显示方式。取 u_{x1} 作为固定内触发源的显示效果如图 5.3.15(c)所示。

2. 断续

在断续显示方式下,示波器的电子开关工作在自激振荡状态(不受扫描电路控制),将两个被测信号分成很多小段轮流显示,如图 5.3.16 所示。由于转换频率比被测信号频率高得多,间断的光点靠得很近,因此人眼看到的波形好像是连续波形。如被测信号频率较高或脉冲信号的宽度较窄,则信号的断续现象就较为显著,即波形会出现断裂现象。因此,这种显示方式只适用于被测信号频率较低的场合。

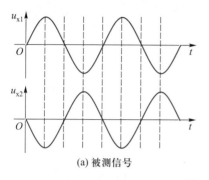
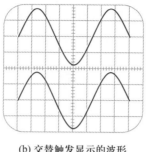
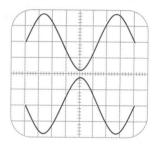

(a) 被测信号　　　　(b) 交替触发显示的波形　　　(c) 固定信号u_{x1}触发显示的波形

图 5.3.15　交替触发产生的相位误差

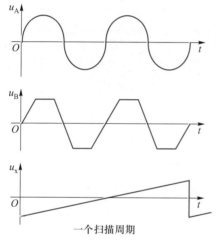
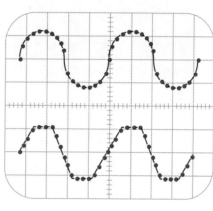

一个扫描周期

图 5.3.16　断续显示方式

5.4 模拟示波器典型产品介绍

CA8020 型模拟示波器具有以下功能:交替扫描功能可以同时观测扫描扩展波形和未被扩展的波形,实现双踪四线显示;峰值自动同步功能,在多数情况下无须调节触发电平旋钮就可获得同步的稳定波形;释抑控制功能,可以方便地观测多重复周期的复杂波形;电视信号同步功能;交替触发功能,可以观测两个不相关频率的信号波形。

1. 主要技术指标

① 垂直系统。垂直偏转因数:5 mV/div ~ 5 V/div,按 1–2–5 顺序分 10 挡。上升时间:17.5 ns。带宽(–3 dB):DC ~ 20 MHz。输入阻抗:直接输入时为 1×(1±3%) MΩ、(25±5) pF,经 10∶1 探头输入时为 10×(1±5%) MΩ、(16±2) pF。最大输入电压:400 V(DC+AC 峰值)。工作方式:CH1(通道 1)、CH2(通道 2)、DUAL(双通道)、ALT(交替)、CHOP(断续)、ADD(叠加)。

②触发系统。外触发最大输入电压:160 V(DC+AC峰值)。触发源:INT(内触发)、LINE(电源触发)、EXT(外触发)。内触发源:CH1、CH2、VERT。触发方式:NORM(常态)、AUTO(自动)、TV-V(电视场)、LOCK。

③水平系统。时基因数:0.5 s/div～0.2 μs/div,按1-2-5顺序分20挡。扩展:×1、×10。最快扫描:20×(1±8%)ns/div。

④校正信号。波形:对称方波。幅度:2×(1±2%)V。频率:1×(1±2%)kHz。

2. 前面板装置和操作说明

微课

CA8020A型模拟示波器面板说明

CA8020A型模拟示波器前面板如图5.4.1所示,图中各装置及操作方法介绍如下。

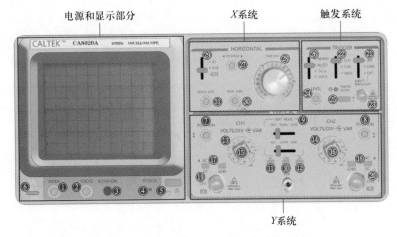

图5.4.1　CA8020A型模拟示波器前面板

(1)电源和显示部分

①—辉度(INTEN)旋钮:调节光迹的亮度,顺时针调节使光迹变亮,逆时针调节使光迹变暗,直到熄灭。

②—聚焦(FOCUS)旋钮:调节光迹的清晰度。

③—迹线旋转(ROTATION):调节扫描线使之绕屏幕中心旋转,达到与水平刻度线平行的目的。

④—电源指示灯:指示电源通断,灯亮表示电源接通;反之则表示电源断开。

⑤—电源开关(POWER):按键开关。按下使电源接通,弹起使电源断开。

⑥—校正信号(CAL):仪器内部提供峰-峰值为2 V、频率为1 kHz的方波信号,用于校正10∶1探头的补偿电容器和检测示波器垂直与水平偏转因数。

(2)Y系统

⑦/⑧—CH1/CH2移位(POSITION)旋钮:调节CH1/CH2光迹在屏幕上的垂直位置,顺时针调节光迹上移,逆时针调节光迹下移。

⑨—垂直方式(VERT MODE)选择开关:可选择六种不同工作方式。

CH1:单独显示通道1信号。

CH2:单独显示通道2信号。

DUAL:双通道,可以切换ALT和CHOP模式来显示通道1信号和通道2信号。

ALT:两个通道信号交替显示。交替显示的频率受扫描周期控制。

CHOP:两个通道信号断续显示。CH1 和 CH2 的前置放大器受仪器内电子开关的自激振荡频率所控制（与扫描周期无关），实现双踪信号显示。

ADD:显示两个通道信号的代数和。当 CH2 反相开关弹起时显示 CH1+CH2，当 CH2 反相开关按下时显示 CH1−CH2。

⑩—CH2 反相（CH2 INV）开关:在 ADD 工作方式时，显示 CH1−CH2 或 CH1+CH2。

⑪/⑫—CH1/CH2 X5 开关:按下表示将 CH1/CH2 的信号放大 5 倍。

⑬/⑭—CH1/CH2 垂直偏转因数（VOLTS/DIV）旋钮:调节 CH1/CH2 的垂直偏转因数，调节范围为 5 mV/div～5 V/div，按 1−2−5 顺序分 10 挡。

⑮/⑯—CH1/CH2 垂直微调旋钮:连续调节 CH1/CH2 的垂直偏转因数，顺时针旋到底为校正位置，此时 VOLTS/DIV 旋钮的指示值就是 Y 偏转因数的实际值。在对电压大小进行定量测量时，应将微调旋钮置于校正位置。微调范围大于 2.5∶1。

⑰/⑱—CH1/CH2 耦合方式（AC−DC−GND）开关:用于选择 CH1/CH2 中被测信号输入垂直通道的耦合方式。

接地:此时 GND 开关按下，通道输入端接地（输入信号断开），用于确定输入为零时光迹所处位置。GND 开关弹起时，可选择输入耦合方式。

直流（DC）耦合:此时 AC/DC 开关弹起，适用于观测包含直流成分的被测信号，如信号的逻辑电平和静态信号的直流电平;当被测信号的频率很低时，也应采用这种方式。

交流（AC）耦合:此时 AC/DC 开关按下，信号中的直流分量被隔断，用于观测信号的交流分量，如观测较高直流电平上的小信号。

⑲—CH1/X 插座:信号输入插座，测量波形时为 CH1 信号输入端;X−Y 工作方式下为 X 信号输入端。输入电阻≥1 MΩ，输入电容≤25 pF，输入信号≤400 V。

⑳—CH2/Y 插座:信号输入插座，测量波形时为 CH2 信号输入端;X−Y 工作方式下为 Y 信号输入端。输入电阻≥1 MΩ，输入电容≤25 pF，输入信号≤400 V。

（3）触发系统

㉑—触发源:可选择以下三种触发源。

INT:使用 CH1 或 CH2 的输入信号作为触发信号，是较为常用的一种触发方式。

LINE:使用交流电源频率信号作为触发信号。

EXT:使用外加信号作为触发信号，用于特殊信号触发。

㉒—内触发源:可选择以下三种内触发源。

CH1:内触发源来自通道 1。

CH2:内触发源来自通道 2。

VERT:内触发源与通道 1、通道 2 同步切换。

㉓—外触发输入（EXT）插座:当触发源选择 EXT 时，外触发信号由此插座输入。输入电阻≥1 MΩ，输入电容≤25 pF，输入信号≤400 V。

㉔—触发电平（LEVEL）旋钮:调节被测信号在某一电平触发扫描。顺时针旋转可使触发电平增大，逆时针旋转则使触发电平减小。如触发电平位置越过触发区域，扫

描不启动,屏幕上不显示被测波形。

㉕—触发极性(SLOPE)开关:用于选择信号的上升沿或下降沿触发扫描。开关按下时,触发极性为"−",在触发源波形的下降沿触发扫描;开关弹起时,触发极性为"+",在触发源波形的上升沿触发扫描。

㉖—触发方式:可选择以下四种触发方式。

NORM:无信号时,屏幕上无显示;有信号时,与电平控制配合显示稳定波形。

AUTO:无信号时,屏幕上显示扫描线;有信号时,与电平控制配合显示稳定波形。

TV−V:用于观测电视水平画面信号。

LOCK:单次触发,自动锁存。

(4) X 系统

㉗—X 移位(POSITION)旋钮:调节光迹在屏幕上的水平位置,顺时针调节光迹右移,逆时针调节光迹左移。

㉘—时基因数(TIME/DIV)旋钮:调节范围为 0.5 s/div ~ 0.2 μs/div,按 1−2−5 顺序分 20 挡。

㉙—扩展开关:"X1"表示正常扫描速度;"X10"表示扫描速度提高 10 倍;"XY"表示 $X−Y$ 工作方式。

㉚—水平微调(SWP VAR)旋钮:微调水平扫描时间,顺时针旋到底为校正(CAL)位置。

㉛—释抑(HOLD OFF)旋钮:用于改变扫描的休止时间,以同步多周期复杂波形。

5.5 模拟示波器的正确使用

5.5.1 模拟示波器的使用技术要点

模拟示波器是电子测量仪器的一种,使用时需注意机壳必须接地;开机前,应检查电源电压与仪器工作电压是否相符。此外,示波器还需注意其特殊的使用技术要点。

① 辉度:使用模拟示波器时,辉度要适中,不宜过亮,且光点不应长时间停留在同一点上,以免损坏荧光屏。应避免在阳光直射下或明亮的环境中使用示波器,如果必须在亮处使用示波器,则应使用遮光罩。

② 聚焦:应使用光点聚焦,不要用扫描线聚焦。如果用扫描线聚焦,很可能只在垂直方向上聚焦,而在水平方向上并未聚焦。

③ 测量:应在示波管屏幕的有效面积内进行测量,最好将波形的关键部位移至屏幕中心区域观测,这样可以避免因示波管的边缘弯曲而产生测量误差。

④ 连接:模拟示波器与被测电路的连接应特别注意,当被测信号为几百千赫以下的连续信号时,可以用一般导线连接;当信号幅度较小时,应当使用屏蔽线以防止外界干扰信号的影响;当测量脉冲和高频信号时,必须用高频同轴电缆相连。

⑤ 探头:探头要专用,且使用前要校正。利用探头可以提高示波器的输入阻抗,从而减小对被测电路的影响。对示波器输入阻抗要求高的地方,可采用有源探头,它更适合测量高频及快速脉冲信号。目前通用的探头为无源探头,它是具有高频补偿功能

的 RC 分压器,其衰减系数一般有 1 和 10 两挡,使用时可根据需要灵活选择。使用前可将探头接至"校正信号"输出端,对探头中的微调电容进行校正。

⑥ 灵敏度:Y 轴偏转因数"V/div"的最小数值挡(即灵敏度最高挡)反映观测微弱信号的能力,而允许的最大输入信号电压的峰值是由偏转因数的最大数值挡(即灵敏度最低挡)决定的。如果接入输入端的电压比说明书规定的输入电压(峰-峰值)大,则应先衰减再接入,以免损坏示波器。一般情况下,应通过调节偏转因数来调节波形使之在 Y 方向上充分展开,既不要超出荧光屏的有效面积,又不致因波形太小而引起较大的视觉误差。

⑦ 稳定度:注意扫描稳定度、触发电平和触发极性等旋钮的配合调节使用,同时也要注意触发源的选择。有些示波器面板上可能没有稳定度旋钮。

5.5.2　模拟示波器的自校

本节以 CA8020A 型示波器为例,介绍示波器在正式测量前进行自校的步骤。

① 光迹水平位置调整:调节示波器使之出现清晰的扫描基线。如果显示的光迹与水平刻度不平行,可用螺丝刀调整前面板上的迹线旋转(ROTATION)电位器,使扫描线与水平刻度线平行。

② 仪器自校及探头补偿:将探头的一端接到 CH1 连接插座,探头另一端的钩子钩在校准信号输出端,垂直方式选择开关置于"CH1",调节 CH1 移位旋钮、CH1 垂直偏转因数旋钮及其他控制装置使显示波形居中,再调整探头上的微调电容器,使显示波形如图 5.5.1(a)所示。

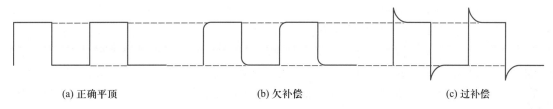

(a) 正确平顶　　　　　　　　(b) 欠补偿　　　　　　　　(c) 过补偿

图 5.5.1　调整探头上的微调电容器时的校准信号波形

接着将附件中的另一根探头的一端接到 CH2 输入插座,探头另一端的钩子钩在校准信号输出端,垂直方式选择开关置于"CH2",调节 CH2 移位旋钮、CH2 垂直偏转因数旋钮及其他控制装置使显示波形居中,再调整探头上的微调电容器,使显示波形如图 5.5.1(a)所示。

当偏转因数为 0.5 V/div,时基因数为 0.5 ms/div 时,可观测到显示波形的幅度为 4 格,周期为 2 格。

5.5.3　模拟示波器的基本操作步骤

动画
模拟示波器测量
方波信号

① 开机前,检查电源电压与仪器工作电压是否相符。
② 开机预热,调节辉度旋钮和聚焦旋钮使亮度适中,聚焦最佳。
③ 使用仪器内部的探头校准信号,进行使用前的自校。
④ 根据被测信号选择正确的输入耦合方式、触发方式、扫描工作方式、垂直工作方式。

动画
模拟示波器测量
正弦波信号

动画
模拟示波器测量
三角波信号

⑤ 根据被测信号的电压和周期选择适当的 Y 轴偏转因数（V/div）和 X 轴时基因数（ms/div）。输入被测信号，显示清晰稳定的波形。

⑥ 调节垂直位移和水平位移，使波形显示在示波器屏幕的有效面积内，并进行测量。

5.6 模拟示波器的测量实例

由于示波器可将被测信号显示在屏幕上，因此可以借助其 X、Y 坐标标尺测量被测信号的许多参量，如幅度、周期，脉冲的宽度、前后沿，调幅信号的调幅系数等。

5.6.1 电压测量

利用示波器可以测量直流电压、交流电压、各种波形电压的瞬时值，以及脉冲电压波形各部分的电压。

电压测量方法是先在示波器屏幕上测出被测电压的波形高度，然后和相应通道的偏转因数相乘即可。测量时应注意将垂直微调旋钮置于校正位置（顺时针旋到底），还要注意输入探头衰减开关的位置。于是可得电压测量换算公式为

$$U = y \times D_y \times K_y$$

式中，U 为待测量的电压值，根据实际测量可以是正弦波的峰–峰值（U_{p-p}）、脉冲的幅值（U_A）等，单位为伏（V）；y 为待测量波形的高度，单位为厘米（cm）或格（div）；D_y 为偏转因数，单位为伏/厘米（V/cm）或伏/格（V/div）；K_y 为探头衰减系数，一般为 1 或 10。

下面举例说明。

例 5.1 交流电压的测量。

微课
模拟示波器测量
交流电压

使用示波器测量电压的优点是在确定其大小的同时可观测波形是否失真，还可同时显示其频率和相位，但示波器只能测出被测电压的峰值、峰–峰值、任意时刻的电压瞬时值或任意两点间的电位差值，如果要求电压有效值或平均值，则必须经过换算。

测量时先将耦合方式开关置于"GND"，调节扫描线至屏幕中心（或所需位置），以此作为零电平线，以后不再调动。

将耦合方式开关置于"AC"，接入被测电压，选择合适的偏转因数（V/div），使显示波形的垂直偏转尽可能大但不要超过屏幕有效面积，还应调节有关旋钮，使屏幕上显示一个或几个稳定波形。

示波器显示波形如图 5.6.1 所示，偏转因数为 1 V/div，探头未衰减，被测正弦波峰–峰值占 6.0 div，则其峰–峰值为

$$U_{p-p} = 6.0 \text{ div} \times 1 \text{ V/div} = 6.0 \text{ V}$$

幅值为

$$U_m = \frac{U_{p-p}}{2} = \frac{6.0 \text{ V}}{2} = 3.0 \text{ V}$$

有效值为

$$U = \frac{U_m}{\sqrt{2}} = \frac{3.0 \text{ V}}{\sqrt{2}} \approx 2.1 \text{ V}$$

例5.2　直流电压的测量。

微课
模拟示波器测量
直流电压

用于测量直流电压的示波器,其通频带应从直流(DC)开始,若其下限频率不是零,则不能用于直流电压测量。测量方法如下。

① 将示波器各旋钮调整到适当位置,使屏幕上出现扫描线,将耦合方式开关置于"GND",然后调节 Y(CH1/CH2)移位旋钮使扫描线位于屏幕中间。

② 确定被测电压极性。接入被测电压,将耦合方式开关置于"DC",注意扫描光迹的偏移方向,若光迹向上偏移,则被测电压为正极性;否则为负极性。

③ 将耦合方式开关再置于"GND",然后按照直流电压极性的相反方向,将扫描线调整到荧光屏刻度线的最低或最高位置上,将此定为零电平线,此后不再调节 Y 移位旋钮。

④ 测量直流电压值。将耦合方式开关再置于"DC",选择合适的偏转因数(V/div),使屏幕显示尽可能多的覆盖垂直分度(但不要超过有效面积),以提高测量准确度。

示波器显示图形如图5.6.2所示,在测量时,示波器的偏转因数为0.5 V/div,被测信号经衰减1倍的探头接入,屏幕上扫描光迹向上偏移了5.5 div,则被测电压极性为正,其大小为

$$U = 5.5 \ \text{div} \times 0.5 \ \text{V/div} \times 1 = 2.75 \ \text{V}$$

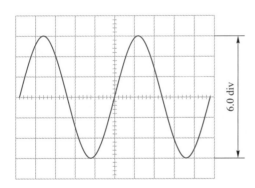
图5.6.1　正弦电压测量

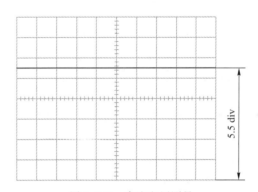
图5.6.2　直流电压测量

例5.3　合成电压的测量。

微课
模拟示波器测量
合成电压

在实际测量中,除了单纯的直流或交流电压测量外,往往需要测量既有交流分量又有直流分量的合成电压,测量方法如下:先确定扫描光迹的零电平线位置,此后不再调节 Y 移位旋钮。接入被测电压,将耦合方式开关置于"DC",调节有关旋钮,使荧光屏上显示稳定的波形,选择合适的 Y 轴偏转因数(V/div),使光迹获得足够偏转但不超过屏幕有效面积,测量电压的方法与前面介绍的相同。

示波器显示波形如图5.6.3所示,用10∶1探头,偏转因数为0.5 V/div,垂直微调旋钮置于校正位置,则测量结果如下:

交流分量电压峰–峰值为

$$U_{\text{p-p}} = 4.0 \ \text{div} \times 0.5 \ \text{V/div} \times 10 = 20 \ \text{V}$$

直流分量电压为

$$U = 3.0 \ \text{div} \times 0.5 \ \text{V/div} \times 10 = 15 \ \text{V}$$

由于波形在零电平线的上方,所以测得的直流电压为正电压。

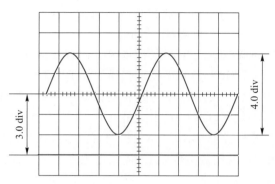

图 5.6.3   合成电压测量

5.6.2   时间测量

时间测量包括测量信号周期(频率可由周期计算得出)、脉冲宽度、前后沿等。

用示波器测量时间时应注意将水平微调旋钮置于校正位置(顺时针旋足),同时还要注意有没有扫描扩展。时间测量换算公式为

$$T = \frac{xD_x}{K_x}$$

式中,T 为欲测量的时间值,可以是周期、脉冲宽度等,单位为秒(s);x 为欲测量波形的宽度,单位为厘米(cm)或格(div);D_x 为时基因数,单位为秒/厘米(s/cm)或秒/格(s/div);K_x 为水平扩展倍数,一般为 1 或 10。

例 5.4   正弦周期的测量。

当接入被测信号后,应调节示波器的有关旋钮,使波形的高度和宽度均比较合适。移动波形至屏幕中心区,并选择表示一个周期的被测点 A、B,将这两点移到刻度线上以便读出具体长度值。

示波器显示图形如图 5.6.4 所示,在测量时,示波器的时基因数为 10 ms/div,扫描扩展置于常态(即不扩展),则被测信号周期为

$$T = 6.7 \text{ div} \times 10 \text{ ms/div} = 67 \text{ ms}$$

根据信号频率和周期互为倒数的关系,测得信号周期后即可将其换算为频率,有

$$f = \frac{1}{T} = \frac{1}{67 \text{ ms}} \approx 14.9 \text{ Hz}$$

这种测量的准确度不太高,常用作频率的粗略测量。

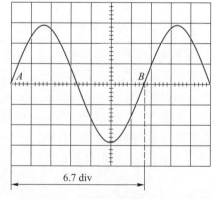

图 5.6.4   波形周期测量

例 5.5   矩形脉冲宽度和上升时间的测量。

对于同一被测信号中任意两点间时间间隔的测量方法与测量周期的方法相同。下面以测量矩形脉冲的上升时间和脉冲宽度为例进行讨论。

矩形脉冲信号的主要参数如下。

微课

模拟示波器测量
脉冲信号

　　① 脉冲幅度 U_A : 脉冲顶量值和底量值之差。

　　② 脉冲周期和频率 : 周期性脉冲相邻两脉冲相同位置的时间间隔称为脉冲周期, 用 T 表示 ; 脉冲周期的倒数称为频率, 用 f 表示。

　　③ 脉冲宽度 t_w (或 τ) : 脉冲前、后沿 50% 处的时间间隔。

　　④ 脉冲占空比 ε : 脉冲宽度 t_w 与脉冲周期 T 的比值称为脉冲占空比或空度系数, 即 $\varepsilon = \dfrac{t_w}{T}$。

　　⑤ 上升时间 t_r : 脉冲由 $10\% U_A$ 电平处上升到 $90\% U_A$ 电平处所需的时间, 也称为脉冲前沿。

　　⑥ 下降时间 t_f : 脉冲由 $90\% U_A$ 电平处下降到 $10\% U_A$ 电平处所需的时间, 也称为脉冲后沿。

　　接入被测信号后, 正确操作示波器有关按钮, 使脉冲的相应部分在水平方向充分展开, 并在垂直方向有足够幅度。图 5.6.5(a) 和 (b) 是测量脉冲上升时间和脉冲宽度的实例。在图 5.6.5(a) 中, 根据脉冲幅度 10% 和 90% 电平的位置, 便可以读出上升时间。在图 5.6.5(b) 中, 脉冲前后沿 50% 处正好位于网格线上, 因此很容易确定脉冲宽度, 约为 6 div。

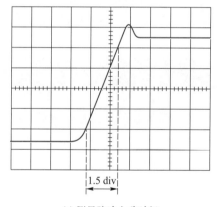

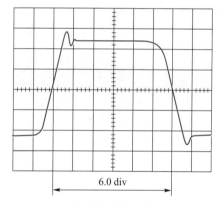

(a) 测量脉冲上升时间　　　　　　(b) 测量脉冲宽度

图 5.6.5　测量脉冲上升时间和脉冲宽度

　　若测量脉冲上升时间和脉冲宽度时, 时基因数为 1 μs/div, 脉冲上升时间占 1.5 div, 脉冲宽度占 6.0 div, 扫描扩展均为 10 倍, 则 :

脉冲上升时间为

$$t_r = \frac{1.5 \text{ div} \times 1 \text{ μs/div}}{10} = 0.15 \text{ μs}$$

脉冲宽度为

$$t_w = \frac{6.0 \text{ div} \times 1 \text{ μs/div}}{10} = 0.60 \text{ μs}$$

　　测量时需注意, 示波器的 Y 通道本身存在固有的上升时间, 这对测量结果有影响, 尤其是当被测脉冲的上升时间接近于仪器本身固有的上升时间时, 影响更大, 此时应加以修正, 可按下式进行 :

$$t_r = \sqrt{t_{rx}^2 - t_{r0}^2}$$

式中，t_r 为被测脉冲上升时间；t_{rx} 为屏幕上显示的上升时间；t_{r0} 为示波器本身固有的上升时间。

一般当示波器本身固有的上升时间小于被测脉冲上升时间的 1/3 时，可忽略 t_{r0} 的影响；否则，应按上式修正。

例 5.6　两个信号（主要指脉冲信号）时间间隔的测量。

用双踪示波器测量两个脉冲信号间的时间间隔很方便。将两个被测信号分别接到 Y 系统两个通道的输入端（如 CA8020A 型双踪四线示波器的 CH1 和 CH2），采用"断续"或"交替"显示。注意，要采用内触发，并且触发源选择时间领先的信号所接入的通道，在"交替"显示时不得采用 CH1 和 CH2 交替触发。

若荧光屏上显示图 5.6.6 所示的两个波形，可根据波形在屏幕上的位置及所选用的时基因数确定时间间隔。若时基因数为 5 ms/div，扫描扩展置于常态，则两个信号的时间间隔为

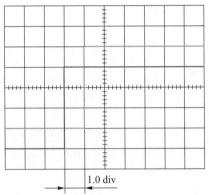

1.0 div

图 5.6.6　用双踪示波器测量时间间隔

$$t_d = 1.0 \ div \times 5 \ ms/div = 5.0 \ ms$$

注　意

当脉冲宽度很窄时，不宜采用"断续"显示。

5.6.3　比值测量

有些参数可以通过计算两个电压或时间之比的方法获得，此时，若分子、分母上所使用的时基因数和偏转因数都相同，则在计算中可将其约去。因此，测量这些参数时只要将波形上两个宽度或高度相比即可，不需要将时基因数或偏转因数代入计算。于是，垂直和水平微调旋钮无须置于校正位置，只要将波形调至合适大小即可。可通过求比值测量的参数包括相位差、调幅系数等，李沙育图形法测量也可归为此类。下面通过例子加以说明。

例 5.7　正弦波相位差的测量。

相位差是指两个相同频率的正弦信号间的相位差，即其初相位之差。

对于任意两个相同频率且不同相位的正弦信号，设其表达式为

$$u_1 = U_{m1} \sin(\omega t + \varphi_1)$$

$$u_2 = U_{m2} \sin(\omega t + \varphi_2)$$

若令 u_1 为参考电压，则 u_2 相对于 u_1 的相位差 $\Delta\varphi$ 为

$$\Delta\varphi = (\omega t + \varphi_2) - (\omega t + \varphi_1) = \varphi_2 - \varphi_1$$

可见，它们的相位差是一个常量，即其初相位之差。若以 u_1 为参考电压，当 $\Delta\varphi > 0$

时，认为 u_2 超前 u_1；当 $\Delta\varphi<0$ 时，认为 u_2 滞后 u_1。

使用双踪示波器测量相位时，可将被测信号分别接入 Y 系统的两个通道输入端，选择相位超前的信号作为触发源，采用"交替"或"断续"显示。适当调整 Y 移位旋钮，使两个信号重叠起来，如图 5.6.7 所示。这时可以从图中直接读出 x_1 和 x_2 的长度，则相位差计算公式为

$$\Delta\varphi = \frac{x_1}{x_2} \times 360°$$

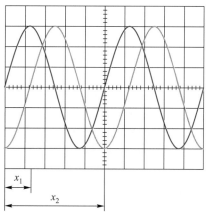

图 5.6.7　用双踪示波器测量相位差

若 $x_1 = 1.4\ \text{div}$，$x_2 = 5.0\ \text{div}$，则相位差为

$$\Delta\varphi = \frac{1.4\ \text{div}}{5.0\ \text{div}} \times 360° = 100.8°$$

在测量相位时，水平微调旋钮不一定要置于校正位置，但其位置一经确定，在整个测量过程中不得更动。

注　意

在采用"交替"显示时，一定要采用相位超前的信号作为固定的内触发源，而不是使水平系统受两个通道的信号轮流触发，否则会产生相位误差。如果被测信号的频率较低，应尽量采用"断续"显示，也可避免产生相位误差。

波形的测量与检验（数字示波器）

任务目标

① 能够根据信号发生器电路输出波形的检验标准，制定测量与检验方案，拟定电路检测的内容、方法，并编写信号发生器电路输出波形的测试任务单；

② 能够根据抽样方案，合理地进行抽样；

③ 能够使用数字示波器显示和测量被测信号；

④ 能够正确填写测试任务单；

⑤ 能够对示波器、信号发生器进行日常维护、保养和维修；

⑥ 能够根据测量参数，选择合适的测量仪器。

任务实施

子任务 1：方波发生器输出波形的测量与检验。

任务描述：组建图 6.0.1 所示电路，图中，$R_1 = R_2 = R_3 = R_4 = 1\ \mathrm{k\Omega}$，$C = 0.1\ \mu\mathrm{F}$（试验箱），稳压管采用 2DW231（试验箱）。用数字示波器同时观测 u_C 波形和 u_o 波形。

任务要求：编写测试任务单，并绘制 u_C 和 u_o 波形。

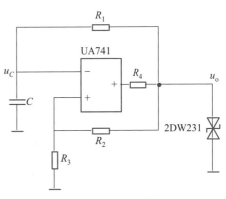

图 6.0.1　方波发生器电路

子任务 2:正弦波发生器输出波形的测量与检验。

任务描述:组建图 6.0.2 所示电路,图中,$R = 1\ \text{k}\Omega$,$C = 0.1\ \mu\text{F}$(试验箱),$R_1 = 10\ \text{k}\Omega$(可调,试验箱),$R_{f1} = R_{f2} = 1\ \text{k}\Omega$,$VD_1$ 与 VD_2 采用 4007(试验箱)。用数字示波器观测 u_o 波形。

任务要求:编写测试任务单,并绘制 u_o 波形。

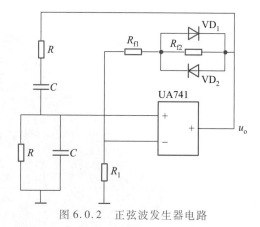

图 6.0.2   正弦波发生器电路

任务指导

6.1   数字示波器的信号采集处理技术

数字示波器又称为数字存储示波器(digital storage oscilloscope,DSO),与模拟示波器相对应。

6.1.1   采样方式

数字示波器的采样方式包括实时采样和等效采样(非实时采样)。其中,等效采样又可以分为随机采样和顺序采样。

1. 实时采样

实时采样是指从一个信号波形中取得所有采样点来表示一个信号波形,如图 6.1.1 所示。根据奈奎斯特采样定理,采样频率应至少是被测信号上限频率的 2 倍,因而实时采样特别适合频率范围不到示波器最大采样频率一半的信号。在这种情况下,示波器可以在波形的一次扫描中启动全部的采集动作,采集足够的采样点,构建准确的图像。实时采样是使用数字示波器捕获快速信号、单次信号、瞬态信号的唯一方式。

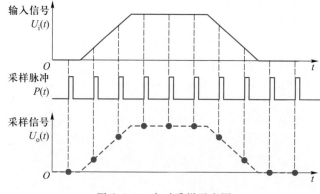

图 6.1.1   实时采样示意图

2．等效采样

等效采样可以使用低于原始信号 2 倍频率的采样频率不失真地采样，并还原原始信号，适合于对高频周期信号的采样和分析。如在测量高频信号时，示波器可能不能在一次扫描中收集足够的采样点，此时可以使用等效采样，准确地捕获频率成分远远高于示波器采样频率的信号。等效采样通过从每次重复中捕获少量信息，从而构建重复信号的图像。

等效采样的基本原理是把高频、快速信号变成低频、慢速重复信号进行采集。为了达到低速采样还原高频信号的目的，要求被测信号一定是周期变化的，如果将每个采样点安排在不同信号周期，而不是同一信号周期内，就可以大大降低采样频率。最后通过数学方法再将多个周期内的采样点还原到一个周期内，重构被测信号。

（1）随机采样

随机采样是指每个采样周期采集一定数量的采样点，经过多个采样周期的采样点累积，最终恢复出被测波形，如图 6.1.2 所示。多次扫描中，每次扫描的触发点是一致的，但由于信号与采样时钟之间是非同步的，每次扫描的触发点与其后的第一个采样点之间的时间（t_1、t_2、t_3、…）是随机的。又因为信号是周期性的，可以将每个采样周期的采样等效为对由触发点确定的"同一段波形"的采样。因而通过多个采样周期后，以触发点为基准将各采样周期的采样点拼合，便可以得到重复信号，这样就恢复了这段波形。

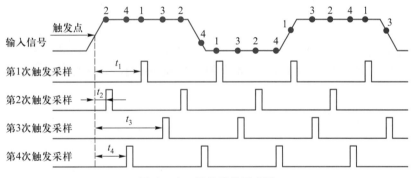

图 6.1.2　随机采样示意图

（2）顺序采样

顺序采样主要用于数字采样示波器，能以较低的采样速率测量较高频率的信号。其工作原理为，每经过 m 个周期再加一个微小的延时 Δt 就获得一个采样点，如图 6.1.3 所示。将采集的数据拼凑到一个周期内，实现对原始输入信号波形的重构。重构后的采样频率变为微小延时 Δt 的倒数。通过控制 Δt 的大小，就可以控制等效采样的频率。实际采样频率可以通过控制 m 的大小进行调节。m 越大，实际采样频率越小；而 Δt 越小，等效采样频率越高。这样就实现了低速采样高频信号的目的。

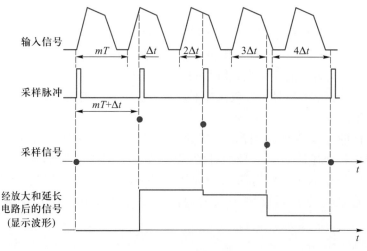

图 6.1.3　顺序采样示意图

6.1.2　采样速率

采样速率又称数字化速率,其描述方式如下:

① 用采样次数描述,表示单位时间内采样的次数,如 20 MSa/s(20×10^6 次/秒)。

② 用采样频率描述,如 20 MHz。

③ 用信息率描述,表示每秒存储多少位(bit)的数据。每秒存储 160 兆位 (160 Mbit/s)的数据,对于一个 8 位(8 bit)的 A/D 转换器来说,就相当于 20 MSa/s 的采样速率。

采样速率高可增大 DSO 的带宽,但事实上,DSO 的采样速率还受到采样存储器容量的限制。一般在不同扫描速度下,要求的采样速率是不一样的,以防止采样点过多而导致采样存储器溢出。

6.1.3　采样存储器

在 DSO 中,每个新获取的采样数据都应立即存入采样存储器中,因此采样存储器应具有与采样速率同步的连续接收数据的能力。例如,对一个采样速率为 2 GSa/s、精度为 8 bit 的 DSO 来说,其采样存储器应能以 16 Gbit/s 的速率存入数据。具有如此高的写入速度的存储器是非常难设计的,价格也非常昂贵。常用的解决办法是,利用多个低速存储器分时轮流写入,从而降低对单个存储器的速度要求。

DSO 的采样存储器具有循环存储功能。所谓循环存储,就是将存储器的各存储单元按串行方式依次寻址,且首尾相接,形成一个类似于图 6.1.4 所示的环形结构,每一次采样数据的存储都按顺序依次进行,当所有单元都存满后,下一轮新的采样数据将覆盖旧的数据(先进先出)。这样,存储器中将总是存放最新的采样数据。存储器容量在 DSO 中常称为记录长度或存储深度 L,用能够连续存入的最大字节数或采样点数目表示,单位为 KB 或 pts(每秒采样点个数)。

现在有些数字示波器的显示屏中间上方用一条存储带显示存储器中波形的存储情况,并指示屏幕中的波形和触发点(用“▼”表示)在存储器中所处的位置,如图 6.1.4 所示。在数字示波器中,触发点通常设置在对应于屏幕中央的位置(注意:这点不同于模拟示波器。在模拟示波器中,触发点对应于屏幕的左侧,波形是随时基线从左向右展开的),也可以通过调节水平通道中的水平位置旋钮改变触发点相对于屏幕中心的位置。

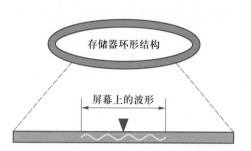

图 6.1.4　存储器环形结构与波形位置

由于存储容量有限,循环存储结构只能保存一段被测波形数据,人们总希望观测到被测波形中最有用的一段,这可由 DSO 的触发功能来实现。但如果示波器的数据采样过程是在触发产生后才开始的,那么触发前的波形信息将无法观测到。为了能观测到触发前的波形,采样过程应预先进行,称为预采样,如图 6.1.5 所示。使用循环存储结构,可以保证在触发发生时,在触发点以前的波形数据已存入存储器中。

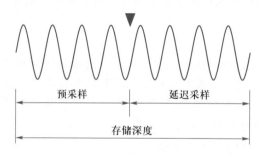

图 6.1.5　预采样与延迟采样

6.1.4　记录长度

记录长度(存储深度,即采样存储器的容量)决定了 DSO 捕捉信号的持续期或时间分辨率。一个长的记录可以为更复杂的波形提供更好的描述,并允许用户去捕捉更长持续期内的数据事件。但是,由于高速存储器制造技术上的限制,目前 DSO 的记录长度[采样 RAM(随机存取存储器)的容量]还不可能无限加长,因此,DSO 不能总是以最高采样速率工作,其采样速率与设置的扫描速度及记录长度有关。当测量周期性重复信号时,DSO 可以工作于随机采样方式,这时采样速率和记录长度不会给测量带来多少影响。可是,当用于捕捉单次信号,或者同时观测高速和低速两种信号(如一行电视信号或一帧数字通信信号)和时间相距较远的事件时,记录长度就显得十分重要了。

DSO 的扫描速度、采样速率和记录长度三者存在如下近似关系:

$$L \geqslant f_s \times S \times 10 \text{ div}$$

式中,L 为记录长度,单位为 pts;f_s 为采样速率,单位为 MSa/s;S 为扫描速度,单位为

s/div;10 div 为屏幕水平方向上的 10 格。

6.1.5 有效比特分辨率

模拟示波器的垂直分辨率以示波管良好聚焦情况下每格多少线表示,而 DSO 的垂直分辨率是以比特数表示的,所以称为比特分辨率。当前各公司给出的 DSO 的比特分辨率都是 DSO 内 A/D 转换器比特数,一般是 8 bit。实际上,A/D 转换器的真正比特分辨率——有效比特分辨率(EBR)与被转换的信号频率有关系。输入信号频率增大时,其有效比特分辨率减小,并且不同厂家生产的 A/D 转换器有效比特分辨率减小的多少也不一样。在 DSO 的整机中,通道噪声、非线性、时基抖动、代码丢失都会引起 A/D 转换器的有效比特分辨率减小。因此,简单地用 A/D 转换器比特数表示 DSO 的垂直分辨率是不科学的。但是,目前还没有统一的 DSO 有效比特分辨率的评价标准和测量方法。

6.1.6 触发功能

触发的概念来自模拟示波器,只有当触发信号出现后才产生扫描锯齿波,显示 Y 通道的模拟信号。因此,在模拟示波器中,只能观测触发点以后的波形。在 DSO 中也沿用触发的称谓,设置了触发功能。但在 DSO 中,触发信号只是在采样存储器中选取信号的一种标志,以便可以灵活地选取采样存储器中某部分的波形送至显示窗口。

通常,DSO 设有延迟触发调节,可以自由地改变触发点的位置。延迟触发有正(+)延迟触发和负(-)延迟触发。正延迟是指可以观测触发点以后的被测信号,负延迟是指可以观测触发点之前的被测信号。距离触发点的延迟时间可由程序设定,给波形分析带来很大的方便。负延迟触发功能在通用模拟示波器中是无法实现的,因为模拟示波器只能在触发点之后产生扫描,显示被测信号,不可能观测到触发前的信号。

另外,DSO 中的触发控制与模拟示波器中的有些类似,包括以下方面。

- 触发源选择:内触发(可分别由通道 1 或通道 2 触发)、外触发、交流电源触发等。
- 触发耦合方式:直接耦合、交流耦合、低频抑制、高频抑制。
- 触发模式选择:自动、正态、单次等。
- 触发类型:在模拟示波器中只有边沿触发,而在 DSO 中提供了许多特定的触发设置,能从采样存储器中根据设定的信号波形作为触发标志点,然后将这部分波形送至显示窗口,为观测提供方便。表 6.1.1 中列出了多种触发类型的原理与用途。不同型号的 DSO 提供的触发类型不一定都相同,需要时可参阅 DSO 使用说明书。

表 6.1.1 常见触发类型的原理与用途

触发类型	原理	用途
边沿触发	在输入信号边沿给定方向和电平值上触发	保证周期性信号具有稳定重复的起点
延迟触发	在边沿触发点处增加正/负延迟调节	调节触发点在屏幕上出现的位置
脉宽触发	设定脉冲的宽度来确定触发时刻	捕捉异常脉宽信号

续表

触发类型	原理	用途
斜率触发	依据信号的上升/下降速率进行触发	捕获上升边沿异常斜率信号
视频触发	对标准视频信号进行任意行或场触发	检测电视信号质量
交替触发	对两路信号采用不同的时基、不同的触发方式，以稳定显示两路信号	当两路信号中有一路信号不稳定时采用
码型触发	以数字信号的特殊码作为触发判决条件	查看特定并行逻辑码型
持续时间触发	在满足码型条件后的指定时间内触发	查看连续并行逻辑码型
毛刺触发	在设定的时间内判断信号波形有无上升沿与下降沿紧跟变化的情况	捕捉电路中尖峰干扰
串行触发	混合示波器的强大功能模式	检测串行接口（SPI、I^2C、USB、CAN）输入的信号

6.2　数字示波器的波形显示技术

　　DSO 高速采集一个信号波形的数据后如何能在显示器上不失真地重构出来,这要经过一整套复杂的数据处理之后才能实现。在这个过程中,要处理好最高采样速率、采样存储器深度(记录长度)、显示器的像素点数等参数之间的关系。图 6.2.1 形象地给出了这种数据处理的必要性。可以看出,在一定的采样速率下,采样脉冲如图 6.2.1(b)中的脉冲列所示。该采样脉冲间隔对图 6.2.1(a)所示的低频信号而言,采样点过多,这要求采样存储器有很大的容量(即很深的存储深度或很长的记录长度),这会增加实现难度或提高生产成本,为此应抽取部分甚至大部分的冗余样点。但是,同样的采样脉冲间隔对图 6.2.1(c)所示的高频信号而言,采样点又太少了,会使信号失真,为此应设法插补一些数据点进去,使波形失真小一些。

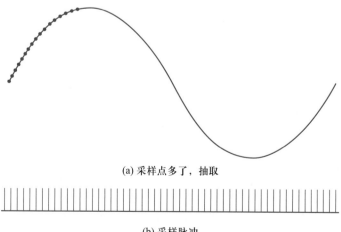

(a) 采样点多了，抽取

(b) 采样脉冲

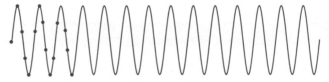

(c) 采样点少了，插补

图 6.2.1   抽取与插补示意图

6.2.1   采样点抽取技术

在低频信号情况下，采样点太多，要求采样存储器有很大的容量。例如，用 1 000 MSa/s 的采样速率观测频率为 10 Hz 的正弦信号，则每个信号周期上有 100×10^6 个采样点，这要求使用容量很大的采样存储器。为此，一种解决方法为通过改变示波器扫描速度(s/div)来降低采样速率，从而减少采样点；另一种解决方法是保持最高采样速率不变，然后对冗余数据点进行抽取操作。通常，抽取之前还要进行抽取滤波。

数字示波器中有一个抽取器，可实现按比例抽取。极限情况是抽取到每个周期的波形只剩下两个采样点时，即停止抽取，且此时这两个采样点应是波形的峰值点(无论是否为正弦波)，以防止出现混叠失真现象。因此，在抽取前，应对信号进行峰值点标定，该功能在数字示波器中由"峰值搜索与标定"模块来完成。

6.2.2   采样点内插技术

在高频情况下，采样点太少，会使显示点数不够多。例如，用 1 000 MSa/s 的采样速率观测频率为 200 MHz 的正弦信号，则每个信号周期上只有 5 个采样点。若在显示屏上观测两个周期，则只有 10 个显示点，难以看出是正弦波。通常，一个周期要有 25 个采样点才能保证重构的波形失真较小。

DSO 中常用 DSP(数字信号处理)技术设计一个信号重构模块(或称为内插器)，用于将一些数据补充到所有相邻的采样点之间。内插点的多少由内插倍数来控制，有：

$$内插倍数 = 内插后总点数 / 原波形采样点数$$

例如，在原始采样数据中，一个周期只有 4 个采样点，示波器屏幕水平方向上有 480 个像素点。若希望在屏幕上看到一个周期的波形，则要求内插倍数为 120(480/4 = 120)倍，即将 4 个采样点的波形，内插成 480 个点。

实际上，仅仅内插采样点是不够的，那样屏幕上只能看到离散的光点。若在样点间连接线段(直线或曲线)，则可以在较小的内插倍数下得到较好的波形。通常设计中会采用一些插值算法，这是利用少数采样点推算出整个波形样子的处理方法。

6.2.3   有效存储带宽

DSO 的有效存储带宽(useful storage bandwidth, USB)描述的是 DSO 观测正弦波信号最高频率的能力。实际上，USB 也被用来作为 DSO 的单次带宽，称为数字实时带宽。

前面已经指出，为了避免混淆现象发生，目前实时采样 DSO 的采样速率一般规定为带宽的 4~5 倍，同时还应采用适当的内插算法。如果不采用内插显示，则规定采样速率应为实时带宽的 10 倍。

6.3　数字示波器的技术性能指标

评价数字示波器技术性能的主要指标包括带宽、采样速率、存储深度、触发能力和波形处理性能。其中，关键的重要指标是带宽。

6.3.1　带宽

带宽（BW）决定示波器对信号的基本测量能力。随着信号频率的增加，示波器对信号的准确显示能力将下降。示波器带宽是指正弦输入信号衰减到其实际幅度的 70.7% 时的频率值，即 -3 dB 点，其频率范围即为频带带宽，单位为兆赫（MHz）或吉赫（GHz），如图 6.3.1 所示。

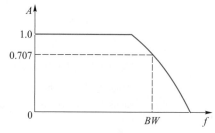

图 6.3.1　示波器幅频特性曲线

DSO 中有两种与采样速率相关的带宽。

① 等效带宽：是指用 DSO 测量重复信号（周期性信号）时的带宽，也称为重复带宽。由于使用了非实时等效采样（随机采样或顺序采样）来重构伪波形，因此等效带宽可以做得很宽，有的达几十吉赫。

② 单次带宽：是指用 DSO 测量单次信号时，能完整地显示被测波形的带宽，也称为有效存储带宽。实际上，DSO 通道硬件的带宽通常是足够的，单次带宽主要受波形上采样点数量的限制，一般只与采样速率和波形重组的方法有关。

当 DSO 的采样速率足够高，如高于标称带宽的 4~5 倍以上时，它的单次带宽和等效带宽是一样的，称为数字实时带宽。

6.3.2　采样速率

采样速率通常是指 DSO 进行 A/D 转换的最高速率，是单位时间内对输入模拟信号的采样次数，单位为 MSa/s 或 GSa/s。采样速率越高，采样间隔越密，波形失真越小，信号中的毛刺、尖峰干扰都能采集到。

在 DSO 的使用中，实际采样速率是随选用的扫描速度的变化而变化的，其最高采样速率应当对应于最快的扫描速度。例如，最快扫描速度为 1 ns/div，按每格 50 个采样点计算，50/1 ns = 50 GSa/s，即最高采样速率是 50 GSa/s。当每格采样点数 N 确定后，采样速率 f_s 与扫描速度成反比。

6.3.3　存储深度

存储深度是指 DSO 的采样存储器能够连续存入采样点的最大字节数，单位为 Kpts 或 Mpts，也称为记录长度。

对于存储深度大的 DSO，扫描速度在较大范围内调节时，采样速率不必跟着变化。

同时,增大存储深度后,能存放更多的采样点,并能捕捉到波形的更多细节。

6.3.4　触发能力

表征触发能力的参数很多,主要有以下两个。

① 触发灵敏度:是指示波器能够触发同步而且稳定显示的最小信号幅度。对有输入衰减器的垂直通道来说,以屏幕上显示的格数来表示;对没有输入衰减器的垂直通道来说,以信号电压峰值来表示。由于触发通道频率特性限制,在不同的频段常常规定不同的触发灵敏度指标。

② 触发类型:现代数字示波器大都提供多种触发类型,如边沿触发、脉宽触发、延迟触发、斜率触发、交替触发、视频触发、码型触发及毛刺触发等。

6.3.5　波形处理性能

现代数字示波器的波形处理平台是计算机。由于采用了数字信号处理(DSP)等先进技术,因此波形处理能力都较强。但是不同厂家的产品还是各有特色,在硬件系统(如采用 64 位处理器,内核工作频率达 2.5 GHz,能以高达 800 Mbit/s 的速率把波形数据送到主存储器中)和软件系统(如采用 64 位操作系统、4 GB 寻址空间,以及具有波形处理优化技术)上都有各自的高端技术,能将波形处理得更趋完美。

6.4　数字示波器典型产品介绍

1. 鼎阳数字示波器前面板及界面说明

鼎阳 SDS1000 系列数字示波器前面板上包括很多旋钮和按钮,如图 6.4.1 所示。显示屏右侧的一列 5 个灰色按钮为菜单操作键,可以设置当前菜单的不同选项。其他按钮为功能按键,可进入不同的功能菜单或直接获得特定的功能应用。

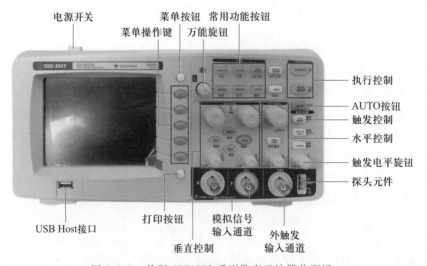

图 6.4.1　鼎阳 SDS1000 系列数字示波器前面板

SDS1000 系列数字示波器界面如图 6.4.2 所示。

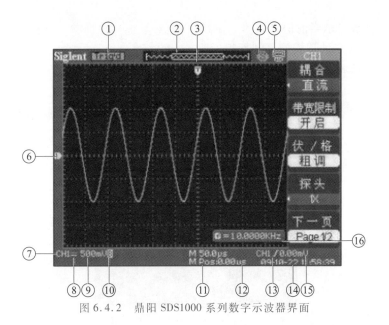

图 6.4.2　鼎阳 SDS1000 系列数字示波器界面

图 6.4.2 中各部分含义如下。

①—触发状态。

Armed：已配备。示波器正在采集预触发数据。

Ready：准备就绪。示波器已采集所有预触发数据并准备接受触发。

Trig′d：已触发。示波器已发现一个触发并正在采集触发后的数据。

Stop：停止。示波器已停止采集波形数据。

Auto：自动。示波器处于自动模式并在无触发状态下采集波形。

Scan：扫描。在扫描模式下示波器连续采集并显示波形。

②—显示当前波形窗口在采样存储器中的位置。

③—使用标记显示水平触发位置。旋转水平 POSITION 旋钮可调整标记位置。

④—🅟：打印按钮选择"打印图像"。

　　🅢：打印按钮选择"储存图像"。

⑤—🖳：USB Host 接口设置为"计算机"。

　　🅢：USB Host 接口设置为"打印机"

⑥—显示波形的通道标志。

⑦—显示信号信源。

⑧—信号耦合标志。

⑨—以读数显示通道的垂直刻度系数。

⑩—图标 B 表示通道是带宽限制的。

⑪—以读数显示主时基设置。

⑫—显示主时基波形的水平位置。

⑬—以图标显示选定的触发类型。

⑭—显示当前示波器设置的日期及时间。

⑮—显示触发形式和触发电平。

⑯—以读数显示当前信号频率。

2. 鼎阳数字示波器操作区域面板说明

鼎阳数字示波器操作区域面板如图6.4.3所示,对应说明如表6.4.1所示。

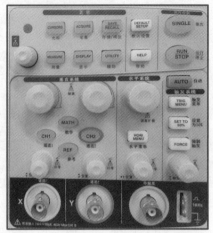

图6.4.3　鼎阳数字示波器操作区域面板

表6.4.1　操作区域面板说明

面板控件名称	说明
CH1、CH2	显示通道1、通道2设置菜单
MATH	显示"数学计算"功能菜单
REF	显示"参考波形"菜单
HORI MENU	显示"水平"菜单
TRIG MENU	显示"触发"控制菜单
SET TO 50%	设置触发电平为信号幅度的中点
FORCE	无论示波器是否检测到触发,都可以使用FORCE按钮完成当前波形采集。主要应用于触发方式中的"正常"和"单次"
SAVE/RECALL	显示设置和波形的"储存/调出"菜单
ACQUIRE	显示"采集"菜单
MEASURE	显示"自动测量"菜单
CURSORS	显示"光标"菜单。当显示"光标"菜单并且光标被激活时,万能旋钮可用于调整光标的位置。离开"光标"菜单后,光标保持显示(除非"类型"选项设置为"关闭"),但不可调整
DISPLAY	显示"显示"菜单
UTILITY	显示"辅助功能"菜单
DEFAULT SETUP	调出厂家设置
HELP	进入在线帮助系统
AUTO	自动设置示波器控制状态,以产生适用于输出信号的显示图形
RUN/STOP	连续采集波形或停止采集。注意:在停止采集的状态下,可以在一定的范围内调整波形垂直挡位和水平时基,相当于对信号进行水平或垂直方向的扩展
SINGLE	采集单个波形,然后停止

3. 鼎阳数字示波器自动设置

鼎阳数字存储示波器具有自动设置功能。根据输入的信号,可自动调整电压挡位、时基,以及触发方式,以实现最好形态显示。AUTO 按钮为自动设置的功能按钮,其菜单如表 6.4.2 所示。

表 6.4.2　自动设置功能菜单

选项	说明
⊓⊔⊓⊔(多周期)	设置屏幕自动显示多个周期信号
⊓(单周期)	设置屏幕自动显示单个周期信号
⌐(上升沿)	自动设置并显示上升时间
⌐(下降沿)	自动设置并显示下降时间
⌐(撤销)	调出示波器以前的设置

自动设置功能也可以实现在刻度区域显示多个自动测量结果,这取决于信号类型。自动设置功能基于以下条件确定触发源:

① 如果多个通道有信号,则具有最低频率信号的通道作为触发源;

② 如果未发现信号,则将调用自动设置时所显示编号最小的通道作为触发源;

③ 如果未发现信号并且未显示任何通道,示波器将显示并使用通道 1。

4. 鼎阳数字示波器快速自校检查

在数字示波器的使用过程中,常常会执行一次快速自校检查,来验证示波器是否能够正常工作,具体步骤如下:

① 打开示波器电源,示波器执行所有自检项目,并确认通过自检。按下 DEFAULT SETUP 按钮,探头选项默认的衰减设置为"1X"。

② 将示波器探头上的开关设定到"1X"并将探头与示波器的通道 1 连接。将探头连接器上的插槽对准通道 1 同轴电缆插接件(BNC)上的凸键,按下去即可连接,然后向右旋转以拧紧探头。将探头端部和基准导线连接到"探头元件"连接器上。

③ 按下 AUTO 按钮,几秒钟内,应当可以看到频率为 1 kHz、电压峰-峰值约为 3 V 的方波,如图 6.4.4 所示。

④ 按两次 CH1 菜单按钮删除通道 1,按下 CH2 菜单按钮显示通道 2,重复步骤②和步骤③。

微课
数字示波器的自校

动画
数字示波器的自校

动画
数字示波器测量
正弦波

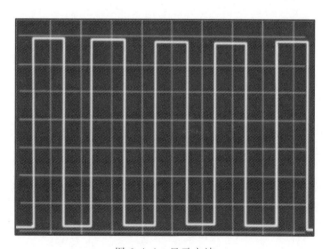

图 6.4.4　显示方波

任务 7

电压的测量与检验

教学课件
电压的测量与检验

任务目标

① 能够根据电源电路输出电压的检验标准,制定测量与检验方案,拟定电路检测的内容、方法,并编写电源电路输出电压的测试任务单;

② 能够根据抽样方案,合理地进行抽样;

③ 能够使用数字电压表测量电压;

④ 能够使用模拟电压表测量电压;

⑤ 能够正确填写测试任务单;

⑥ 能够对电压表进行日常维护、保养和维修;

⑦ 能够根据测量参数,选择合适的测量仪器。

任务实施

子任务 1:波形、频率、幅度不同时电压的比较。

任务描述:

① 相同频率、不同幅度、相同波形电压的比较:函数信号发生器输出频率 1 kHz,幅度分别为 20 mV、50 mV、100 mV、200 mV、500 mV、1 V 的正弦交流电压,用交流毫伏表测量其电压值。

② 相同幅度、不同频率、相同波形电压的比较:函数信号发生器输出幅度为 0.2 V,频率分别为 20 Hz、200 Hz、1 kHz、20 kHz、200 kHz、500 kHz 的正弦交流电压,用交流毫伏表测量其电压值。

③ 相同频率、相同幅度、不同波形电压的比较:函数信号发生器输出 1 kHz、0.5 V 的正弦波、方波与三角波,用交流毫伏表测量其电压值。

任务要求：

① 编写测试任务单,完成幅度、频率、波形不同时电压的测量。

② 理解试验现象产生的原因。

子任务2:电源电路输出电压的测量与检验。

任务描述:组建图7.0.1所示电路。用电压表测量输出电压值。

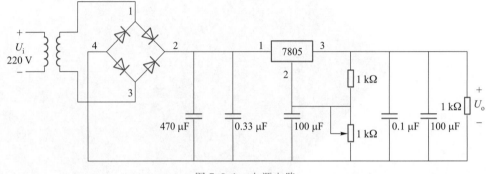

图7.0.1   电源电路

任务要求:编写测试任务单,完成输出电压的测量。

任务指导

7.1   电压测量概述

在电子学领域中,电压是最基本的参数之一。电子电路中的许多参数,如频率特性、谐波失真度、调制度等都可以视为电压的派生量;各种电路的工作状态,如饱和、截止、谐波、平衡等都可以用电压的形式反映出来;电子设备的各种信号,主要以电压量来表现;在非电量测量中,多利用各种传感器件装置将非电参数转换成电压参数。电压测量是电子测量的基本内容和基础。电压测量所用的仪器主要是电子电压表。

7.1.1   电压测量仪器的特点

在测量中,需要适应的现场状况较为复杂。对于不同现场,无论是信号本身,还是测量要求,都可能存在较大的差异,这些差异对电压测量的主要仪器提出了相应的要求。总的来说,电压测量仪器具有以下特点。

1. 频率测量范围宽

电压测量仪器的频率测量范围宽,可以从零赫(直流)到数百兆赫,甚至达到数十吉赫。

2. 电压测量范围广

电压测量仪器的电压测量范围广,可以从纳伏级到千伏级。

3. 输入阻抗高

电压测量仪器的输入阻抗是被测电路的额外负载。为了减小电压表接入时对被测电路工作状态的影响,要求电压表具有尽可能高的输入阻抗,即输入电阻大,输入电容小。

4. 抗干扰能力强

电压测量一般是在充满各种干扰的条件下进行的,特别是对于高灵敏度电压测量仪器(如数字电压表、高频毫伏表),干扰将会引入明显的测量误差,这就要求电压测量仪器具有相当强的抗干扰能力。

5. 测量准确度高

目前数字电压表测量直流电压的准确度可达 10^{-7} 数量级,测量交流电压只能达到 $10^{-2} \sim 10^{-4}$ 数量级。一般模拟电压表的准确度均在 10^{-2} 数量级以下。

6. 测量波形多样

电压测量仪器可测量的电压波形不仅包括正弦波电压,还有大量非正弦波电压,而且被测电压中往往是交流与直流并存。

7.1.2 交流电压的基本参数

交流电压除了用具体的函数关系式表达其大小随时间变化的规律外,通常还会用峰值、平均值、有效值等参数来表征,而各表征值之间的关系可用波形因数、波峰因数来表示。下面分别介绍其意义。

1. 峰值

峰值是指交流信号 $u(t)$ 在所观察的时间内或一个周期内偏离零电平的最大电压值,记为 U_p。正、负峰值不相等时分别用 U_{p+} 和 U_{p-} 表示,如图 7.1.1 所示。

幅值是指交流信号 $u(t)$ 在所观察的时间内或一个周期内偏离直流分量的最大电压值,记为 U_m。正、负幅值不相等时分别用 U_{m+}、U_{m-} 表示。

峰值是以零电平为参考电平计算的,幅值则是以直流分量为参考电平计算的。对于纯正弦交流信号而言,当不含直流分量时,其幅值等于峰值,且正、负峰值相等。

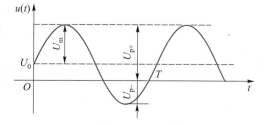

图 7.1.1 交流电压的峰值和幅值

2. 平均值

平均值简称为均值,是指波形中的直流成分。对于常见的正、负半周期波形对称且不含直流分量的纯交流电压信号而言,其平均值为零。因此,信号电压数学平均值的定义在实践应用中存在一定的局限性。在电子测量中,通常所说的交流电压的平均值是指经过检波后的平均值。根据检波器的种类不同,平均值又可分为半波平均值和全波平均值。如不特别指出,本书中提到的平均值均指全波平均值。

交流电压经全波检波后的平均值称为全波平均值,用 $\overline{U}$ 表示,其数学表达式为

$$\overline{U} = \frac{1}{T} \int_0^T |u(t)| \, \mathrm{d}t$$

3. 有效值

当交流电压 $u(t)$ 在一个周期 T 内,通过某纯电阻负载 R 所产生的热量,与一个直流电压 U 在同一负载 R 上产生的热量相等时,该直流电压 U 的数值就表示了该交流电压 $u(t)$ 的有效值,其数学表达式为

$$U = \sqrt{\frac{1}{T} \int_0^T u^2(t)\,\mathrm{d}t}$$

4. 波形因数

波形因数 K_F 定义为交流电压有效值与平均值之比，即

$$K_F = \frac{U}{\overline{U}}$$

5. 波峰因数

波峰因数 K_P 定义为交流电压峰值与有效值之比，即

$$K_P = \frac{U_p}{U}$$

不同的电压波形，其 K_F、K_P 值不同。表 7.1.1 中列出了常见电压波形的参数。

表 7.1.1　常见电压波形的参数

名称	波形图	波形因数 K_F	波峰因数 K_P	有效值 U	平均值 $\overline{U}$
正弦波		$\dfrac{\pi}{2\sqrt{2}}$	$\sqrt{2}$	$\dfrac{U_m}{\sqrt{2}}$	$\dfrac{2U_m}{\pi}$
全波整流		$\dfrac{\pi}{2\sqrt{2}}$	$\sqrt{2}$	$\dfrac{U_m}{\sqrt{2}}$	$\dfrac{2U_m}{\pi}$
三角波		$\dfrac{2}{\sqrt{3}}$	$\sqrt{3}$	$\dfrac{U_m}{\sqrt{3}}$	$\dfrac{U_m}{2}$
方波		1	1	U_m	U_m

7.2　模拟电压表

电子电压表是最常用的电压测量仪器之一，用于测量电路的交、直流电压。电子电压表根据显示方式可分为模拟电压表和数字电压表。模拟电压表主要为交流电压表，常称为交流毫伏表或电子毫伏表，其灵敏度高，广泛用于较宽频率范围的信号电压值测量。

7.2.1　模拟电压表的组成方案

模拟电压表又称为指针式电压表，它采用磁电式直流电流表头作为电压指示器。测量直流电压时，可直接或经放大、衰减后转换成一定量的直流电流驱动直流表头的

微课
模拟电压表的组成方案

指针偏转以指示电压值。测量交流电压时,先经交流-直流转换器,将被测交流电压转换成与之成比例的直流电压后,再进行直流电压的测量。

为了满足不同的测量对象,以及被测电压大小、频率及准确度的要求,检波器在电压表中所处的位置不同,从而形成了不同的模拟电压表组成方案。

1. 检波-放大式电压表

检波-放大式电压表组成方案如图 7.2.1 所示。它先将被测电压经检波器变成直流电压,然后经衰减器和直流放大器将信号放大,以驱动直流表头指针偏转。这种电压表的频带宽度主要取决于检波器的频率响应,若把特殊的高频检波二极管置于探头内,并减小连接分布电容的影响,工作频率上限可达吉赫级。因此,这种组成方案的电压表一般属于高频电压表或超高频电压表。但该电压表的灵敏度受检波器的非线性限制,若采用一般直流放大器,灵敏度只能达到 0.1 V 左右;若采用调制式直流放大器,则灵敏度可提高到毫伏级。

图 7.2.1　检波-放大式电压表组成方案

2. 放大-检波式电压表

放大-检波式电压表组成方案如图 7.2.2 所示。被测电压经衰减器和宽带放大器放大,然后再经检波器检波。由于信号首先被放大,到达检波器时已有足够的幅度,可避免小信号检波时的非线性影响,因此灵敏度较高,一般可达毫伏级。其工作频率范围因受放大器带宽的限制而较窄,典型的频率范围为 20 Hz ~ 10 MHz,所以这种电压表也称为视频毫伏表。

图 7.2.2　放大-检波式电压表组成方案

3. 外差式电压表

外差式电压表组成方案如图 7.2.3 所示。被测电压通过输入电路后,在混频器中与本机振荡器的振荡信号混频,输出频率固定的中频信号,经中频放大器放大后进入均值检波器变换成直流电压,驱动直流表头指针偏转。

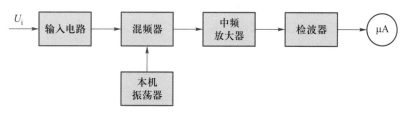

图 7.2.3　外差式电压表组成方案

由于外差式电压表的中频是固定不变的,中频放大器具有良好的频率选择性和相当高的增益,从而解决了放大器的带宽与增益的矛盾。又因中频放大器通带极窄,在实现高增益的同时可以有效地削弱干扰噪声的影响,使电压表的灵敏度提高到微伏级,因此这种电压表又称为高频微伏表。

检波-放大式电压表虽然频率范围较宽,但灵敏度不高;放大-检波式电压表的灵敏度较高,而频率范围又较窄。频率响应和灵敏度互相矛盾,很难兼顾,而外差式电压表有效地解决了上述矛盾。

7.2.2　模拟电压表的主要类型

在模拟电压表中,检波器是其核心。检波器是应用较为普遍的交流-直流转换器。由于交流信号有均值、峰值和有效值三种表征值,因此,根据其输出直流信号与被测电压不同表征值所成比例,可将检波器分为均值响应、峰值响应和有效值响应三种类型。同样,模拟电压表根据其内部所使用的检波器不同,可分为均值电压表、峰值电压表和有效值电压表三种。

1. 均值电压表

均值电压表是放大-检波式电压表,采用均值检波器检波,检波器输出直流电压正比于其输入交流电压的平均值,而与输入电压的波形无关。

微课
均值电压表

（1）定度系数

由于正弦波是最基本、应用最普遍的波形之一,有效值是使用最广泛的电压参量之一,因此几乎所有交流电压表都按照正弦波有效值定度。

在对均值表进行定度时,当被测电压为正弦波电压时,均值检波器输出端加至指示器的电压为被测电压的平均值,而指示器的示值为被测电压的有效值。则该电压表的示值 U_α 与检波器实际响应之间存在一个系数,该系数称为定度系数,记为 K。

对于均值检波器,在额定频率下加任意波形的电压,有如下关系:

$$U_\alpha = K\overline{U}$$

式中,U_α 为均值电压表的示值;$\overline{U}$ 为被测电压的平均值;K 为定度系数。

对于正弦波电压,均值电压表的示值就是被测电压的有效值,即 $U_\alpha = K\overline{U}_\sim = U_\sim$,所以有

$$K = \frac{U_\sim}{\overline{U}_\sim} = \frac{\frac{\sqrt{2}}{2}U_m}{\frac{2}{\pi}U_m} = K_F = \frac{\pi}{2\sqrt{2}} \approx 1.11$$

即定度系数 K 就等于正弦波的波形因数 K_F。

（2）波形换算

测量非正弦波电压时,可以通过均值电压表的示值计算其平均值,有

$$\overline{U}_x = \frac{U_\alpha}{K} = \frac{U_\alpha}{1.11} \approx 0.9U_\alpha$$

若被测电压的波形已知,则可根据其平均值及波形因数求出其有效值。

例 7.1　用均值电压表分别测量正弦波、三角波和方波电压,若电压表的示值均为 10 V,问被测电压的有效值各为多少?

解:对于正弦波电压,由于电压表本来就是按其有效值定度,所以电压表的示值就是正弦波的有效值,即

$$U_\sim = U_\alpha = 10 \text{ V}$$

对于三角波、方波电压,首先可计算出其平均值为

$$\overline{U}_\triangle = \overline{U}_\diamond = 0.9 U_\alpha = 9 \text{ V}$$

然后根据 $K_F = \dfrac{U}{\overline{U}}$ 计算出有效值。

对于三角波,$K_{F\triangle} = \dfrac{2}{\sqrt{3}}$,所以三角波电压的有效值为

$$U_\triangle = \overline{U}_\triangle K_{F\triangle} = 9 \times \frac{2}{\sqrt{3}} \text{V} \approx 10.35 \text{ V}$$

对于方波,$K_{F\diamond} = 1$,所以方波电压的有效值为

$$U_\diamond = \overline{U}_\diamond K_{F\diamond} = 9 \times 1 \text{ V} = 9 \text{ V}$$

(3)波形误差

当被测电压不是正弦波时,直接将电压表示值作为被测电压有效值而导致的误差通常称为波形误差。波形误差的计算公式为

$$\gamma_x = \frac{U_\alpha - U}{U_\alpha} \times 100\% = \frac{U_\alpha - 0.9 K_F U_\alpha}{U_\alpha} \times 100\% = (1 - 0.9 K_F) \times 100\%$$

以例 7.1 中的三角波和方波电压为例,如果直接将电压表示值 $U_\alpha = 10$ V 作为其有效值,可以得到波形误差分别为:

三角波　　　$\gamma_x = (1 - 0.9 K_{F\triangle}) \times 100\% = \left(1 - 0.9 \times \frac{2}{\sqrt{3}}\right) \times 100\% = -3.5\%$

方波　　　　$\gamma_x = (1 - 0.9 K_{F\diamond}) \times 100\% = (1 - 0.9 \times 1) \times 100\% = 10\%$

由此可见,对于不同的波形,所产生的波形误差的大小和方向不同。

(4)误差分析

均值电压表在进行电压测量的过程中,除了波形误差以外,还可能产生以下 3 种误差。

① 频响误差:若输入信号频率很低,直流表头的指针由于其时间常数的限制,不能稳定于检波器输出的平均值,而有一定波动,会产生低频误差;若输入信号频率较高,检波二极管的结电容及电路分布参数的影响越来越严重,会产生高频误差。

② 检波特性变化引起的误差:当检波电流与检波管的正向电阻、电流表内阻等参数发生变化时,也会产生一定的误差,但一般可忽略。

③ 噪声误差:当输入信号较弱时,检波器固有噪声的影响较大,会产生一定的误差。

2. 峰值电压表

峰值电压表简称峰值表,属于检波-放大式电压表,又称为超高频毫伏表。峰值电压表使用的检波器为峰值检波器,其输出直流电压正比于其输入交流电压的峰值,与波形无关。

微课
峰值电压表

（1）定度系数

峰值电压表也按正弦波的有效值进行定度。

对于峰值检波器，在额定频率下加任意波形的电压，有如下关系

$$U_\alpha = K U_p$$

式中，U_α 为峰值电压表的示值；U_p 为被测电压峰值；K 为定度系数。

对于正弦波，$U_\sim = U_\alpha = K U_{p\sim}$，于是可得

$$K = \frac{U_\sim}{U_{p\sim}} = \frac{1}{K_{P\sim}} = \frac{\sqrt{2}}{2}$$

$$U_p = \frac{U_\alpha}{K} = \frac{U_\alpha}{\frac{\sqrt{2}}{2}} = \sqrt{2}\, U_\alpha$$

（2）波形换算

根据定度系数的定义可知，用峰值电压表测量正弦波电压，其示值 U_α 就是正弦波有效值；测量非正弦波电压，其示值 U_α 乘以 $\sqrt{2}$ 即为被测电压的峰值。

若被测电压的波形已知，则可根据其峰值及波峰因数求出其有效值。

例 7.2　用峰值电压表分别测量正弦波、三角波和方波电压，若电压表的示值均为 10 V，问被测电压的有效值各为多少？

解： 三种波形电压的峰值均为

$$U_{p\sim} = U_{p\triangle} = U_{p\diamond} = \sqrt{2}\, U_\alpha = \sqrt{2} \times 10 \text{ V} \approx 14.14 \text{ V}$$

正弦波的有效值即为电压表的示值，即

$$U_\sim = U_\alpha = 10 \text{ V}$$

三角波、方波的有效值根据 $K_P = \dfrac{U_p}{U}$ 可得

$$U_\triangle = \frac{U_{p\triangle}}{K_{P\triangle}} = \frac{14.14}{\sqrt{3}} \text{ V} \approx 8.17 \text{ V}$$

$$U_\diamond = \frac{U_{p\diamond}}{K_{P\diamond}} = \frac{14.14}{1} \text{ V} = 14.14 \text{ V}$$

（3）波形误差

对于峰值电压表，波形误差的计算公式为

$$\gamma_x = \frac{U_\alpha - U}{U_\alpha} \times 100\% = \frac{U_\alpha - \frac{\sqrt{2}}{K_P} U_\alpha}{U_\alpha} \times 100\% = \left(1 - \frac{\sqrt{2}}{K_P}\right) \times 100\%$$

以例 7.2 中的三角波和方波电压为例，如果直接将电压表示值 $U_\alpha = 10$ V 作为其有效值，可以得到波形误差分别为：

三角波　　　　　　$$\gamma_x = \left(1 - \frac{\sqrt{2}}{\sqrt{3}}\right) \times 100\% \approx 18\%$$

方波　　　　　　　$$\gamma_x = \left(1 - \frac{\sqrt{2}}{1}\right) \times 100\% \approx -41\%$$

上述数据表明，与均值电压表相比，峰值电压表对波形失真更为敏感。

（4）误差分析

峰值电压表误差的主要来源除了波形误差以外，还有指示电表的误差、检波器件的非线性及不稳定误差、频率误差以及理论误差等。

3. 有效值电压表

在实际测量中，遇到的往往是失真度正弦波，且难以知道其波形参数，有效值电压表可以响应被测波形的有效值，使测量变得较为简单。

微课
有效值电压表

有效值电压表内部所使用的检波器为有效值检波器，其输出直流电压正比于输入交流电压的有效值。一般认为，有效值电压表的读数就是被测电压的有效值，与被测电压波形无关，这是有效值电压表的最大优点。目前常用的有效值检波器有分段逼近式、热电转换式和计算式等类型。

（1）分段逼近式有效值检波器

分段逼近式有效值检波器的输出特性曲线是由众多不同斜率的线段构成的，如图 7.2.4 所示。一条理想的平方律曲线可用若干条不同斜率的线段来逼近，并要求随输入电压的增大，线段斜率也要增加，即电路的负载电阻应随之而减小。用这种方案想得到动态范围较宽的接近理想的平方律特性，必须使用较多的元件，电路较为复杂。

分段逼近式有效值检波器的输出与交流电压有效值的平方成正比，因此直接接微安表时，电压表的刻度是非线性的。

图 7.2.4　分段逼近式有效值
检波器的输出特性曲线

（2）热电转换式有效值检波器

热电转换式有效值检波器利用热电效应及热电偶的热电转换功能来实现有效值变换。图 7.2.5（a）所示为热电转换器原理示意图。图中，AB 为不易融化的金属丝，称为加热丝。M 为热电偶，它由两种不同材料的导体连接而成，C 点与加热丝耦合，称为热端，D、E 点称为冷端。当加热丝上通以被测交流电压 $u_x(t)$ 时，将对 C 点加热，使热端 C 点温度高于冷端 D、E 点温度，于是在 D、E 两点间产生热电动势，有直流电流通过微安表。由于热端温度正比于被测电压有效值 U_x 的平方，热电动势又正比于热、冷两端的温度差，所以通过电流表的电流 I 正比于 U_x^2。这就完成了被测交流电压有效值到直流电流之间的转换，不过这种转换是非线性的，即 I 不是正比于 U_x，而是正比于 U_x^2。因此，应采取措施使表头刻度线性化。

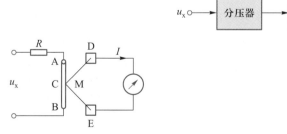
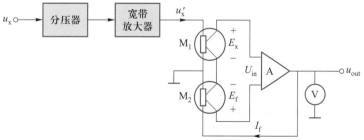

（a）热电转换器原理示意图　　　　（b）热电转换式有效值电压表原理框图

图 7.2.5　热电转换式有效值电压表

在实际构成热电转换式有效值电压表时,为了克服表头刻度的非线性,会利用两个性能相同的热电偶构成热电偶桥,称为双热电转换器。热电转换式有效值电压表原理框图如图 7.2.5(b)所示。图中,M_1 为测量热电偶,M_2 为平衡热电偶,两个热电偶的特性和所处环境完全相同。

被测电压 $u_x(t)$ 经宽带放大器放大后加到测量热电偶 M_1 的加热丝上,使 M_1 产生热电动势

$$E_x = K(A_1 U_x)^2$$

式中,A_1 为宽带放大器的放大倍数;K 为热电偶转换系数。

在放大后的被测电压加到 M_1 的同时,经直流放大器放大的输出电压加到平衡热电偶 M_2 上,产生热电动势

$$E_f = KU_{out}^2$$

当直流放大器的增益足够高且电路达到平衡时,其输入电压 $U_{in} = E_x - E_f \approx 0$,即 $E_x = E_f$,所以

$$U_{out} = A_1 U_x$$

由此可知,如果两个热电偶特性相同,则通过图 7.2.5(b)中的反馈系统,输出直流电压正比于 $u_x(t)$ 的有效值 U_x,所以表头示值与输入电压有效值呈线性关系。

这种电压表的灵敏度及频率范围取决于宽带放大器的带宽及增益。其表头刻度线性,基本没有波形误差。其主要缺点是具有热惯性,使用时要等指针偏转稳定后方可读数;且其过载能力差,容易烧坏,使用时应注意。

(3)计算式有效值检波器

交流电压的有效值即其均方根值,根据这一概念,利用模拟集成电路对信号进行平方、积分、开平方等运算即可得到其有效值。

图 7.2.6 所示为计算式有效值检波器的原理框图。第一级为模拟乘法器构成的平方器,执行平方运算;第二级为积分器,执行积分运算;第三级执行开平方运算,使输出电压的大小与被测电压有效值成正比;再经过第四级的放大得到测量结果。

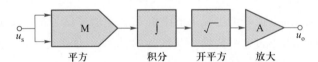

图 7.2.6   计算式有效值检波器原理框图

以正弦波有效值刻度的有效值电压表测量非正弦信号时,理论上不会产生波形误差。实际上,利用有效值电压表测量非正弦信号时,是有可能产生波形误差的。一方面,受电压表线性工作范围的限制,当测量波峰因数大的非正弦波时,有可能削波,从而使这一部分波形得不到响应;另一方面,受电压表带宽限制,多次谐波会受到一定损失,这会使示值偏低,产生波形误差。

4. 三种模拟电压表主要特性比较

将三种模拟电压表主要特性归纳于表 7.2.1 中。

表 7.2.1　三种模拟电压表主要特性比较

电压表	组成原理	主要适用场合	实测值	有效值	
				正弦波	非正弦波
均值	放大-检波	低频信号 视频信号	平均值 $\overline{U}=0.9U_{\alpha}$	$U=U_{\alpha}$	$U=K_{\mathrm{F}}\overline{U}$
峰值	检波-放大	高频信号	峰值 $U_{\mathrm{p}}=\sqrt{2}\,U_{\alpha}$	$U=U_{\alpha}$	$U=U_{\mathrm{p}}/K_{\mathrm{P}}$
有效值	放大-检波； 热电偶；计算式	非正弦信号 正弦信号	有效值 $U=U_{\alpha}$	$U=U_{\alpha}$	$U=U_{\alpha}$

7.3　数字电压表

　　数字电压表(DVM)是把模拟电压量转换成数字量并以数字形式直接显示测量结果的一种仪表。与模拟电压表相比,数字电压表具有准确度高、测量速度快、输入阻抗大、数字显示读数准确、抗干扰能力和抗过载能力强、便于实现测量过程自动化等特点。目前,数字电压表在电压测量领域已得到广泛应用。

7.3.1　数字电压表的组成

　　直流数字电压表的组成如图 7.3.1 所示,主要包括模拟电路和数字电路两大部分。模拟电路部分包括输入电路和 A/D 转换器。A/D 转换器是数字电压表的核心,完成从模拟量到数字量的转换。电压表的技术指标如准确度、分辨率等主要取决于这一部分电路。数字电路部分完成整机逻辑控制、计算和显示等任务。图 7.3.1 所示数字电压表只能测量直流电压,要测量交流电压需另外加入 AC/DC 转换器。

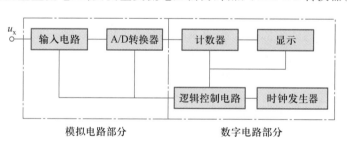

图 7.3.1　直流数字电压表的组成

　　各类数字电压表的主要区别在于 A/D 转换方法的不同。根据 A/D 转换器的转换原理不同,数字电压表可分为比较型、积分型、复合型三种。比较型数字电压表测量准确度高、测量速率快,但抗干扰能力差。积分型数字电压表抗干扰能力强、成本低,但测量速率慢。复合型数字电压表是将比较型和积分型结合起来的一种类型,取其各自优点,适用于高精度测量。

7.3.2　数字电压表的主要技术指标

1. 测量范围
测量范围包括量程、显示位数和超量程能力。

（1）量程

量程表示电压表所能测量的电压范围（最小电压到最大电压）。与模拟电压表一样，数字电压表也是借助于衰减器和输入放大器来扩大量程的。其中，不经衰减器和输入放大器的量程称为基础量程，它是测量误差最小的量程。

（2）显示位数

显示位数是指数字电压表能够完整显示 0 ~ 9 这十个数码的位数，也称为完整显示位。因此，最大显示数字为 9 999 和 19 999 的数字电压表均为 4 位数字电压表。但为区分起见，常把只能显示 0 和 1 两个数码的显示位称为 1/2 显示位，只能显示 0 ~ 5 的显示位称为 3/4 显示位，这两种都是非完整显示位，位于最高位。于是，最大显示数字为 19 999 的数字电压表又称为 $4\frac{1}{2}$ 位数字电压表，最大显示数字为 59 999 的数字电压表又称为 $4\frac{3}{4}$ 位数字电压表。

（3）超量程能力

超量程能力是数字电压表的一项重要指标，它是指数字电压表能测量出的最大电压超过其量程值的能力。一台数字电压表有无超量程能力，取决于它的量程挡情况和能够显示的最大数字情况。超量程能力的计算公式为

$$超量程能力 = \frac{能测量出的最大电压 - 量程值}{量程值} \times 100\%$$

显示位数全是完整位的数字电压表没有超量程能力。

带有 1/2 显示位的数字电压表，如按 2 V、20 V、200 V 等分挡，没有超量程能力；如按 1 V、10 V、100 V 等分挡，则具有 100% 的超量程能力。

带有 3/4 显示位的数字电压表，如按 5 V、50 V、500 V 等分挡，则具有 20% 的超量程能力。

使用具有超量程能力的电压表，在有些情况下可以提高测量准确度。

2. 分辨率

分辨率是指数字电压表能够显示被测电压的最小变化值的能力，即数字电压表显示的末位数字跳变 1 个字所需的最小电压变化值。在不同量程上，数字电压的分辨率是不同的。在最小量程上，数字电压表具有最高的分辨率。

例如，$3\frac{1}{2}$ 的数字电压表，在 200 mV 最小量程上可以测量的最大输入电压为 199.9 mV，其分辨率为 0.1 mV/字。即当输入电压变化 0.1 mV 时，数字电压表显示的末位数字将变化 1 个字。

3. 测量误差

数字电压表的测量误差包括固有误差和工作误差，这里只讨论固有误差。

固有误差是指在基准条件下的误差，常以如下形式给出：

$$\Delta U = \pm(读数误差 + 满度误差)$$
$$= \pm(\alpha\% \cdot U_x + \beta\% \cdot U_m)$$

式中，α 为误差的相对项系数；β 为误差的固定项系数；U_x 为被测电压示值；U_m 为该量程的满刻度。

满度误差有时也用与之相当的末位数字的跳变个数来表示,记为 $\pm n$ 个字,即在该量程上末位数字跳变 n 个字时的电压值恰好等于 $\beta\% \cdot U_{\mathrm{m}}$。

4. 输入电阻和输入偏置电流

数字电压表输入级多采用场效应管电路,输入电阻较高,一般不小于 100 MΩ,高准确度的可优于 1 000 MΩ。

输入偏置电流是指仪器内部元器件受温度等影响而表现于输入端的电流。为提高测量准确度,应尽量减小此电流。

5. 测量速率

测量速率表示数字电压表在单位时间内以规定的准确度完成的最大测量次数,它主要取决于 A/D 转换器的转换速率。积分型数字电压表的测量速率低,比较型数字电压表的测量速率较高。

6. 抗干扰能力

外部干扰按其在仪器输入端的作用方式可分为串模干扰和共模干扰两种。一般数字电压表的串模干扰抑制比可达 50 ~ 90 dB,共模干扰抑制比可达 80 ~ 150 dB。

7.3.3　A/D 转换器原理

A/D 转换器在很大程度上决定着数字电压表的性能。A/D 转换的方法很多,下面分析具有代表性的直流 A/D 转换器的工作原理。

1. 逐次比较式 A/D 转换器

逐次比较式 A/D 转换器是一种反馈比较式 A/D 转换器,转换速率高,准确度高,但抗干扰能力差。其原理框图如图 7.3.2 所示。

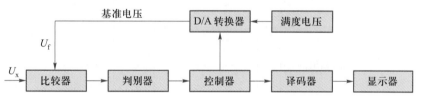

图 7.3.2　逐次比较式 A/D 转换器原理框图

逐次比较式 A/D 转换器的工作原理类似于天平。天平在称物体的质量时使用一系列的砝码,根据称量过程中天平的平衡情况,逐次增加或减少砝码,使天平最终趋于平衡。而逐次比较式 A/D 转换器在转换过程中,用被测电压与已知的标准电压(D/A 转换器输出电压)进行比较,并用比较结果控制 D/A 转换器的输入,使其输出电压大小向被测电压靠近,直到两者趋于相等为止。此时 D/A 转换器的输入量(也就是控制器的输出量)即为 A/D 转换器的输出数字量。

量化过程可简单描述为:对于限定范围内的输入电压 U_{x},控制器首先输出对应最高位数字量为 1 时的基准码,D/A 转换器根据满度基准电压值与基准码产生对应数字量最高位的基准电压值 U_{f1},由比较器比较 U_{f1} 与 U_{x} 相对大小关系,通过判别决定最高位的逻辑值。若 $U_{\mathrm{x}} > U_{\mathrm{f1}}$,则最高位为 1,否则为 0。随后,在最高位比较的基础上,控制器产生用于判定次高位逻辑值的基准码,并按照相似的过程获得次高位逻辑值,直至逐次比较后获得最低位逻辑值,完成 A/D 转换过程。转换后的数字量经过处理后进行译码、显示,获得被测电压的数字化测量结果。

由于 D/A 转换器输出的标准电压是量化的,因此会存在量化误差。减小量化误差的方法是增加比较次数,即增加逐次逼近比较式 A/D 转换器数字输出端的位数,但这又会降低 A/D 转换器的转换速率。目前,普通数字电压表中一般使用8 位(二进制)逐次比较式 A/D 转换器,高精度数字电压表中一般使用 12 位(二进制)逐次比较式 A/D 转换器。

2. 双斜积分式 A/D 转换器

双斜积分式 A/D 转换器是一种间接式 A/D 转换器,其原理框图如图 7.3.3 所示,工作波形如图 7.3.4 所示。

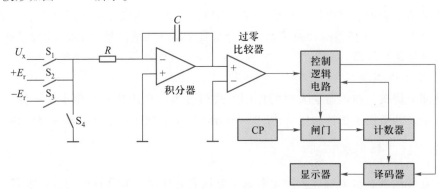

图 7.3.3   双斜积分式 A/D 转换器原理框图

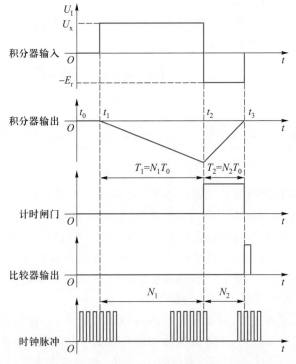

图 7.3.4   双斜积分式 A/D 转换器的工作波形

下面结合图 7.3.4 讨论其工作原理。

转换器先由控制逻辑电路将 S$_4$ 接通,S$_1$ ~ S$_3$ 断开。积分器输入电压为零,输出也为零,计数器置零,电路属于休止状态。

转换过程分两个阶段进行。

① 采样阶段($t_1 \sim t_2$):本阶段 A/D 转换器对被测电压 U_x 进行定时积分。在 t_1 时刻,控制逻辑电路将 S_1 接通,$S_2 \sim S_4$ 断开。被测电压 U_x 加至积分器输入端,积分器输出随 U_x 线性变化($U_x > 0$ 时,积分器输出线性下降;$U_x < 0$ 时,积分器输出线性上升)。图 7.3.4 中,$U_x > 0$,经过一个固定时间 T_1($T_1 = t_2 - t_1$)后,积分器的输出电压为

$$U_{O1} = -\frac{1}{RC} \int_{t_1}^{t_2} U_x \mathrm{d}t = -\frac{T_1}{RC} \overline{U}_x$$

可见,在 t_2 时刻,积分器的输出电压与被测电压 U_x 在 T_1 时间内的平均值成正比。

② 比较阶段($t_2 \sim t_3$):本阶段 A/D 转换器对基准电压进行定值反向积分。在 t_2 时刻,S_1 断开,S_2(或 S_3)接通。此时一个与 U_x 极性相反的基准电压 $+E_r$(或 $-E_r$)接入积分器输入端,开始定值反向积分,积分器输出电压从 U_{O1} 逐渐趋向于零,同时计数器从零开始重新计数。在 t_3 时刻,积分器输出电压 $U_O = 0$,过零比较器发生翻转,该翻转信号经控制逻辑电路使 S_2(或 S_3)断开,积分器停止积分,同时关闭闸门,计数器停止计数,译码显示。转换器随着进入休止阶段,为下一个测量周期做准备,自动转入第二个测量周期。图 7.3.4 中,$U_x > 0$,接入的基准电压为 $-E_r$,根据分析,可以求得

$$0 = U_{O1} - \frac{1}{RC} \int_{t_2}^{t_3} (-E_r) \mathrm{d}t$$

$$U_{O1} = -\frac{E_r}{RC} (t_3 - t_2)$$

令 $T_2 = t_3 - t_2$ 并代入上式,得

$$T_2 = \frac{T_1}{E_r} \overline{U}_x$$

上式表明,T_2 与 $\overline{U}_x$ 成正比。

如果在 T_1 期间对时钟脉冲的计算值为 N_1,在 T_2 期间对时钟脉冲的计算值为 N_2,根据上式可得

$$N_2 = \frac{N_1}{E_r} \overline{U}_x$$

所以

$$\overline{U}_x = \frac{E_r}{N_1} N_2 = e N_2$$

式中,$e = \dfrac{E_r}{N_1}$ 称为双斜积分式 A/D 转换器的灵敏度,单位是 mV/字。对于确定的数字电压表,e 为定值,所以,根据比较阶段中的计算值 N_2 可以读出被测电压值。如果参数选取合适,被测电压 $\overline{U}_x$ 就等于在 T_2 期间计数器所计的时钟个数,即 $\overline{U}_x = N_2$(电压单位)。

由上述可见,双斜积分式 A/D 转换器的工作过程是:在同一个测量周期内,首先对被测直流电压 U_x 在限定时间(T_1)内进行定时积分,然后切换积分器的输入电压($U_x < 0$ 时,接入 $+E_r$;$U_x > 0$ 时,接入 $-E_r$),再对积分器的输入信号进行定值反向积分,直到积分器输出电压等于零为止。合理选择电路参数可把被测电压 U_x 变换成反向积分

的时间间隔,再利用脉冲计数法对此时间间隔进行数字编码,从而得出被测电压数值。整个过程是通过两次积分,将被测电压模拟量 U_x 变换成与其平均值成正比的计数脉冲个数,从而完成 A/D 转换。

双斜积分式 A/D 转换器具有较高的电压测量精度,但是由于两次积分需要耗费较长的时间,而且转换时间还与被测电压大小有关,被测电压越大,转换时间越长,因此双斜积分式 A/D 转换器的最大缺点就是转换速率低。

7.3.4　数字电压表中的自动功能

在一些数字电压表中,具有自动校零和自动转换量程等功能。

1. 自动校零

数字电压表在输入为零时其指示值也应该为零,但是由于仪器内部器件的零点偏移及温漂,使得输入为零时其指示值不为零,这便产生了误差。消除这种误差的方法就是自动校零。自动校零有硬件和软件两种方法。硬件法电路较复杂,但速度快;软件法电路较简单,但速度较慢。

2. 自动量程转换

普通数字电压表的量程由人工转换,当需要测量动态范围较大的信号时,转换量程很麻烦,测量速度也慢。具有自动量程转换功能的数字电压表可根据输入被测电压的大小自动选择最佳量程,从而可加快测量速度并提高准确度。自动量程转换有降量程和升量程两种方法。

7.4　数字多用表

与普通的模拟多用表相比,数字多用表的测量功能较多,不但能测量直流电压、交流电压、直流电流、交流电流和电阻等参数,还能测量信号频率、电容器容量及电路的通断等,并具有自动校零、自动显示极性、过载提示、读数保持、显示被测量单位的符号等功能。它以直流电压的测量为基础,测量其他参数时,先把它们转换为等效的直流电压 U,然后通过测量 U 获得所测量参数的数值。

7.4.1　数字多用表的特点

较之模拟多用表,数字多用表除具有一般的数字电压表所具有的准确度高、数字显示、读数迅速准确、分辨率高、输入阻抗高,以及能自动调零、自动转换量程、自动转换及显示极性等优点外,还由于采用大规模集成电路,因而体积小,可靠性好,测量功能齐全,操作简便。有些数字多用表可以精确地测量电容、电感、温度、晶体管的 h_{FE} 等,极大扩展了功能。另外,数字多用表内部有较完善的保护电路,过载能力强。由于数字多用表具有上述这些优点,使得它获得越来越广泛的应用。但它也有不足之处,例如:不能反映被测量连续变化的过程以及变化的趋势,如用来观测电容器的充、放电过程时就不如模拟多用表方便直观;不适于作为电桥调平衡用的零位指示器;价格偏高。所以,尽管数字多用表具有许多优点,但它不可能完全取代模拟多用表。

微课
数字多用表

7.4.2　数字多用表的基本组成

图 7.4.1 所示为某型号数字多用表的整机框图,它由集成电路 ICL-7129 型 A/D 转换器、$4\frac{1}{2}$ 位 LCD、分压器、电流-电压变换器(I/U)、电阻-电压变换器(R/U)、AC/DC 转换器、电容-电压变换器(C/U)、频率-电压变换器(f/U)、压电蜂鸣器、电源电路等组成。

以集成电路 ICL-7129 为核心的数字多用表的基本量程为 DC 200 mV。对于电流、电阻、电容、频率等非电压量,都必须先经过变换器变换成电压量后,再送入 A/D 转换器;对于高于基本量程的输入电压,还需经分压器转换到基本量程范围内。

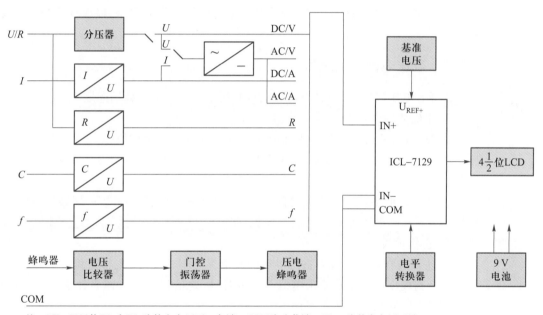

注：ICL-7129的IN+和IN-为输入电压正、负端，COM为公共端，U_{REF+}为基准电压正端。

图 7.4.1　某型号数字多用表整机框图

ICL-7129 型 A/D 转换器内部包括模拟电路和数字电路两大部分。模拟电路部分为双斜积分式 A/D 转换器。数字电路部分用于产生 A/D 变换过程中的控制信号及对变换后的数字信号进行计算、锁存、译码,最后送往 LCD 显示器。该数字多用表使用 9 V 电池,经基准电压产生电路产生 A/D 转换过程所需的基准电压 U_{REF};电平转换器则将电源电压转换成 LCD 显示所需的电平幅值。

7.5　电压表的选择和正确使用

7.5.1　电压表的选择

不同的测量对象应当选用不同性能的电压表。在选择电压表时主要应考虑其频率范围、量程和输入阻抗等。

① 根据被测电压的种类（如直流、交流、脉冲、噪声等），选择电压表的类型。

② 根据被测电压的大小选择量程适宜的电压表。量程的下限应有一定的灵敏度，量程的上限应尽量不使用分压器，以减小附加误差。

③ 保证被测电压的频率不超出电压表的频率范围。即使在频率范围内，也应当注意到电压表各频段的频率附加误差，在可能的情况下，应尽量使用附加误差小的频段。

④ 在其他条件相同的情况下，应尽量选择输入阻抗大的电压表。在测量高频电压时，应尽量选择输入电容小的电压表。

⑤ 在测量非正弦波电压时，应根据被测电压波形的特征，适当选择电压表的类型（峰值型、均值型或有效值型），以便正确理解读数的含义并对其进行修改。

⑥ 注意电压表的误差范围，包括固有误差和各种附加误差，以保证测量准确度的要求。

7.5.2　电压表的正确使用

选择好电压表以后，在进行具体测量时还应注意以下方面的问题。

① 正确放置电表。

② 测量前，要进行机械调零和电气调零。机械调零是就模拟电压表而言的，应在通电之前进行。电气调零在接通电源预热几分钟后进行，且每转换一次量程都应重新进行电气调零。

③ 注意被测电压与电压表之间的连接。测试连接线应尽量短一些，对于高频信号应当用高频同轴电缆连接。测量时应先接地线，再接高电位线；测量完毕时应先拆高电位线，再拆地线。

④ 正确选择量程。如对被测电压的数值大小不清楚，应先将量程选大些，再根据需要转换到较小量程。在使用模拟电压表时，所选量程应尽量使表针偏转大一些（满度2/3以上区域），以减小测量误差。

⑤ 注意输入阻抗的影响。当电压表对被测电路的影响不可忽略时应进行计算和修正。

⑥ 测量电阻时，数字多用表的内部电压极性是红笔为"＋"，黑笔为"－"，而模拟多用表却恰好相反，用它来判断有关电路时应注意。

7.6　电压表典型产品介绍

参考资料

GVT-417B 型交流
毫伏表说明书

7.6.1　交流毫伏表

GVT-417B型交流毫伏表为通用交流电压表，可测量 $300\ \mu V \sim 100\ V$（$10\ Hz \sim 1\ MHz$）的交流电压。

1. 面板介绍

GVT-417B型交流毫伏表的面板如图7.6.1所示。

图 7.6.1　GVT-417B 型交流毫伏表面板

图 7.6.1 中各部分的含义如下。

①—表头：用于电压和 dB 读值。

②—调零：机械式调零。

③—挡位选择开关：以 10 dB/挡的衰减选择合适的量程，方便读值。

④—输入接口：连接待测信号。

⑤—输出接口：当此仪表用作前置放大器时，此接口输出信号。若挡位选择开关置于 100 mV，输出电压大约等于输入信号；若挡位选择开关置于相邻的高挡或低挡，放大因子减少或增加 10 dB。

⑥—电源开关。

⑦—电源指示灯。

2. 电压测量操作方法

① 关掉电源。

② 检查零点，若有漂移，用螺丝刀调整仪表前盖中央的零点调节螺钉。

③ 将交流电源插头插入交流电源插座。

④ 将挡位选择开关置于 100 V 并打开电源。

⑤ 将测试线连到输入接口，开始测量。

⑥ 调整挡位选择开关，直到指针指在大于或等于满刻度的 1/3 处，以方便读值。

动画

交流毫伏表测量
交流电压

7.6.2　数字多用表

UT50 系列数字多用表是性能稳定的高可靠性手持式数字多用表，整机电路设计以大规模集成电路、双斜积分式 A/D 转换器为核心，并配以全功能过载保护，可用来测量直流和交流电压、电流、电阻、电容、二极管、温度、频率以及电路通断。

1. 面板介绍

UT51 型数字多用表的面板如图 7.6.2 所示。

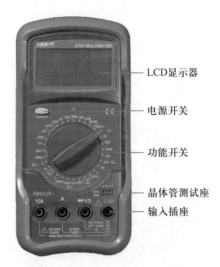

图7.6.2 UT51型数字多用表面板

- LCD显示器
- 电源开关
- 功能开关
- 晶体管测试座
- 输入插座

参考资料
UT51 型数字万用
表说明书

2. 操作方法

（1）电压测量

① 将功能开关旋至所需的电压量程。

② 分别把黑色和红色测试笔连接到"COM"输入插座和"V"输入插座。

③ 用测试笔另两端测量待测电路的电压值（与待测电路并联）。

④ 由 LCD 显示器读取测量电压值。在测量直流电压时,显示器会同时显示红色测试笔所连接电压的极性。

⑤ 如果显示器只显示"1",表示输入超过所选量程,功能开关应置于更高量程。

（2）电阻测量

① 将功能开关旋至所需的电阻量程。

② 分别把黑色和红色测试笔连接到"COM"输入插座和"Ω"输入插座。

③ 用测试笔另两端测量待测电阻的电阻值并从 LCD 显示器读取测量电阻值。

④ 在测量低电阻时,为了测量准确应先短路两测试笔,读出两测试笔短路时的电阻,在测量被测电阻后需减去该电阻。

（3）电流测量

① 将功能开关转至所需的电流量程。

② 把黑色测试笔连接到"COM"输入插座。如被测电流小于 2 A,将红色测试笔连接到"A"输入插座;如被测电流在 2 ~ 10 A 之间,将红色测试笔连接到"10A"输入插座。

③ 将测试笔另两端串联接入待测电路。

④ 由 LCD 显示器读取测量电流值。在测量直流电流时,显示器会同时显示红色测试笔所连接电流的极性。

⑤ 如果显示器只显示"1",表示输入超过所选量程,功能开关应置于更高量程。

（4）二极管测量

① 将功能开关转至"➤⊢"挡位。

② 分别把黑色测试笔和红色测试笔连接到"COM"输入插座和"Ω"输入插座。

③ 分别把黑色测试笔和红色测试笔连接到被测二极管的负极和正极。

④ LCD 显示器将显示被测二极管的正向压降值。如果测试笔极性接反,显示器将显示"1"。

（5）三极管测量

① 将功能开关转至"hFE"挡位。

② 判别三极管是 NPN 或 PNP 型,然后将三极管的 e、b、c 三个脚插入仪表面板上三极管测试座的相应插孔内。

③ 由 LCD 显示器读取被测三极管的 h_{FE} 近似值。

（6）蜂鸣器通断测试

① 将功能开关转至" •))) "挡位。

② 分别把黑色测试笔和红色测试笔连接到"COM"输入插座和"Ω"输入插座。

③ 用测试笔另两端进行电路的通断测试。

④ 在进行通断测试时,如被测电路的电阻小于 50 Ω,蜂鸣器将会发出连续响声。

任务 8

频率的测量与检验

任务目标

① 能够根据振荡电路输出频率的检验标准,制定测量与检验方案,拟定电路检测的内容、方法,并编写振荡电路输出频率的测试任务单;

② 能够根据抽样方案,合理地进行抽样;

③ 能够使用通用电子计数器测量频率;

④ 能够正确填写测试任务单;

⑤ 能够对通用电子计数器进行日常维护、保养和维修;

⑥ 能够根据测量参数,选择合适的测量仪器。

任务实施

子任务:4060 芯片输出频率的测量与检验。

任务描述:组建图 8.0.1 所示电路,用通用电子计数器测量 4060 芯片 7、5、4、6、14、13、15、1、2、3 引脚的输出频率。

任务要求:编写测试任务单,完成计数器的测量。

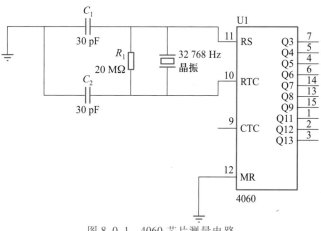

图 8.0.1　4060 芯片测量电路

任务指导

8.1　电子计数器概述

电子计数器是一种最常见、最基本的数字化仪器,它利用数字电子技术对在给定时间内通过的脉冲进行计数并显示计数结果。电子计数器由于使用大规模集成电路,因而体积小、耗电低、可靠性高。从电性能来看,其测频范围宽、准确度高,用数字显示,在频率测量方面几乎已完全取代了传统的模拟式仪器。电子计数器是其他数字化仪器的基础,是出现最早、使用最为广泛的数字化仪器。

按测量功能来区分,电子计数器可分为以下几类。

① 通用计数器:通常指多功能计数器。它可以用于测量频率、频率比、周期、时间间隔和累加计数等,如配以适当的插件,还可测量相位、电压等参数。

② 频率计数器:用于测频和计数。它的测频范围很宽,在高频和微波范围内的计数器均属于此类。

③ 计算计数器:带有微处理器、具有计算功能的计数器。它除具有计数器功能外,还能进行数学运算、求解比较复杂的方程,能依靠程控进行测量、计算和显示等全部工作。

微课
通用电子计数器的基本组成

8.2　通用电子计数器的基本组成

通用电子计数器的原理如图 8.2.1 所示。电路由 A/B 输入通道、时基单元、主门、逻辑控制单元、计数及显示单元等组成。通用电子计数器的基本功能是测量频率和时间,其他测量功能,如测量频率比、周期等则是基本功能的扩展。在实现不同测量功能时,各单元间的信号连接不同,由转换开关切换,其测量原理将在下节详细讨论。本节主要介绍通用电子计数器各单元电路的特点及作用。

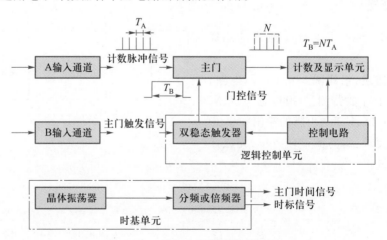

图 8.2.1　通用电子计数器的原理

　　输入通道的作用是将输入信号进行幅度调整、波形整形和阻抗变换,使其变换为标准脉冲。通用电子计数器的输入通道有两个:A 输入通道和 B 输入通道。信号经 A 输入通道进行放大、整形,变换为符合主门要求的计数脉冲信号送出,再经过主门进入计数及显示单元,所以 A 输入通道是计数脉冲信号通道。信号经 B 输入通道整形后形成主门触发信号,用来触发双稳态触发器,使其翻转,其中一个脉冲开启主门,随后的另一个脉冲关闭主门,两脉冲的时间间隔为主门的开门时间,所以 B 输入通道是主门时间通道。

　　主门又称为闸门,它控制计数脉冲信号能否进入计数及显示单元。主门电路是一个标准的双输入端逻辑与门,如图 8.2.2 所示。它的一个输入端接收来自逻辑控制单元中双稳态触发器输出的门控信号,另一个输入端则接收计数脉冲信号。在门控信号作用有效期间,计数脉冲信号被允许通过主门进入计数及显示单元。

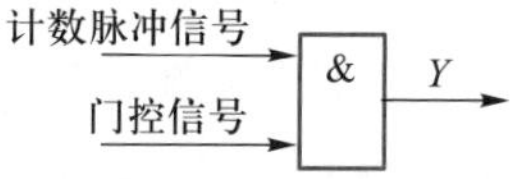

图 8.2.2　主门电路

　　时基单元主要由晶体振荡器、分频或倍频器组成,用于产生标准时间信号。标准时间信号有两类:一类时间较长的称为主门时间信号,通常根据分频级数的不同而有多种选择;另一类时间较短的称为时标信号,可以是单一的,也可以有多种选择。

　　逻辑控制单元能产生各种控制信号去控制和协调通用电子计数器各单元的工作,以使整机按一定的工作程序自动完成测量任务。逻辑控制单元中包括前述的双稳态触发器,它输出的门控信号用于控制主门的开闭。在主门触发信号的作用下,双稳态触发器发生翻转,通常以一个脉冲开启主门,而以随后的另一个脉冲关闭主门。

　　计数及显示单元用于对主门输出的脉冲计数并以十进制数字显示计数结果,通常它由二–十进制计数器、译码器和数字显示器等构成。

8.3　通用电子计数器的测量原理

微课
通用电子计数器
测量频率的原理

　　通用电子计数器的基本功能是测量频率、周期、频率比、时间间隔和累加计数等。若与其他电路相配合,还可以增加测量功能或扩展使用范围。下面按测量功能来讨论通用电子计数器的测量原理。

8.3.1　测量频率

　　频率定义为一个周期性过程在单位时间内重复的次数。因此,只要在特定的时间间隔 t 内测出这个过程的周期数 N,即可按下式求出频率:

$$f_x = \frac{N}{t}$$

　　例如,在 t 为 0.1 s 内计得 $N = 10^6$,那么频率即为 10 MHz。用通用电子计数器测量频率就是根据频率的基本定义来进行的。

　　测量频率的原理如图 8.3.1 所示。

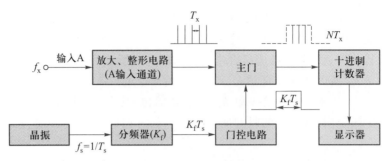

图 8.3.1   测量频率的原理

频率为 f_x 的被测信号经过 A 输入通道放大、整形后变为序列脉冲,每一个脉冲对应被测信号的一个周期 T_x。晶体振荡器(简称晶振)产生频率稳定度和准确度都非常高的正弦信号(频率为 f_s,周期为 T_s),经一系列分频后(设分频系数为 K_f)输出标准时间信号,称为主门时间信号,用于触发门控电路。门控电路输出门控信号,控制主门的开启或关闭。门控信号的脉宽等于分频器输出的触发信号的周期。

主门开启时间($T=K_f T_s$)内,有 N 个周期为 T_x 的序列脉冲经主门输入到十进制计数器计数,并将计数结果 N 自动转换成频率显示出来,即

$$f_x = \frac{N}{T} = \frac{N}{K_f T_s}$$

如果主门开启时间恰为 1 s,则计数结果 N 就是被测信号频率(单位为 Hz)。

在仪器内部,主门开启时间一般都设计为 10^n s(n 为整数),并且使主门开启时间的改变与显示屏上小数点位置的移动同步进行,用户无须对计数结果进行换算,即可直接得出测量结果。例如被测信号频率为 100 kHz,主门开启时间选为 1 s 时,$N=100\,000$,显示为 100.000 kHz;若主门开启时间选为 0.1 s,则 $N=10\,000$,显示为 100.00 kHz。测量同一个信号频率时,将主门开启时间延长,会使计数结果增多,由于小数点自动定位,测量结果不变,但有效数字位增加,因而提高了测量准确度。

8.3.2   测量周期

周期是频率的倒数,因此,测量周期时可以把测量频率的计数脉冲信号和门控信号的来源相对换。测量周期的原理如图 8.3.2 所示。

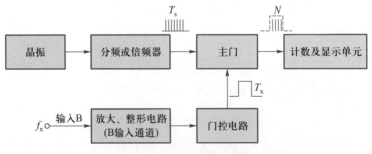

图 8.3.2   测量周期的原理

频率为 f_x(周期为 T_x)的被测信号经过 B 输入通道变为主门触发信号,触发门控电路使之输出门控信号。门控信号的脉宽等于被测信号的周期 T_x,即主门开启时间为

T_x。注意,这时的门控信号不是时基信号。频率为 f_s(周期为 T_s)的晶振信号加至主门的输入端。主门开启时计数器对时标信号 T_s 进行计数。设主门开启时间内,计数器的计数结果为 N,则有

$$T_x = NT_s$$

由于晶振频率 f_s 可以认为是常数,因此被测信号 T_x 正比于计数结果 N。T_s 通常设计为 10^n s(n 为整数),配合显示屏上小数点的自动定位,可直接读出测量结果。例如,某通用电子计数器时标信号 $T_s = 0.1$ μs($f_s = 10$ MHz),测量周期 $T_x = 1$ ms 的信号,得到 $N = T_x/T_s = 10\ 000$,则显示结果为 $1\ 000.0$ μs。

为了提高测量准确度,还可采用多周期法(又称周期倍乘法),即在 B 输入通道后加设几级分频器(设分频系数为 K_f),使主门开启时间扩展 K_f 倍。如仍用 $T_s(f_s)$ 做时标信号,则其计数结果为

$$N' = K_f \cdot \frac{T_x}{T_s}$$

即

$$T_x = \frac{N'T_s}{K_f}$$

K_f 的改变与显示屏上小数点位置的移动同步进行,故用户无须对计数结果进行换算,即可直接读出测量结果。例如,前例中若采用多周期法,设 K_f 为 100,则计数结果 N' 为 $1\ 000\ 000$,显示为 $1\ 000.000$ μs。测量结果不变,但有效数字位增加了,测量准确度得到了提高。

8.3.3　测量频率比

微课
通用电子计数器测量频率比的原理

测量频率比的原理如图 8.3.3 所示。

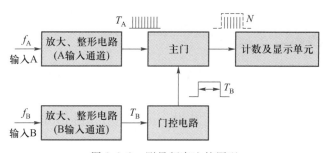

图 8.3.3　测量频率比的原理

实际上,通用电子计数器测量频率时也是测量频率比,只不过其中一个频率是标准频率。如果频率 $f_B < f_A$,则将频率为 f_B 的信号从 B 输入通道输入,去控制主门的开启或关闭,门控信号的脉宽等于 B 通道输入信号的周期 T_B。频率为 f_A 的信号从 A 输入通道输入,经处理后成为计数脉冲信号,在主门打开时送往计数器计数。计数结果为

$$N = \frac{T_B}{T_A} = \frac{f_A}{f_B}$$

为了提高测量准确度,也可采用类似多周期的测量方法,在 B 输入通道后加设分频器,对 f_B 进行 K_f 次分频,使主门的开启时间扩展 K_f 倍,于是有

$$N = \frac{K_{\mathrm{f}} \cdot T_{\mathrm{B}}}{T_{\mathrm{A}}} = K_{\mathrm{f}} \frac{f_{\mathrm{A}}}{f_{\mathrm{B}}}$$

微课

通用电子计数器
测量时间间隔的
原理

8.3.4　测量时间间隔

测量时间间隔的原理如图8.3.4所示。

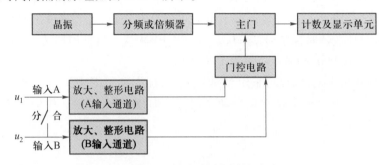

图8.3.4　测量时间间隔的原理

测量时间间隔时,利用A、B输入通道分别控制门控电路的启动和复原。测量两个输入脉冲信号 u_1 和 u_2 之间的时间间隔(双线输入)时,将工作开关置于"分"位置,把时间超前的信号加至A输入通道,用于启动门控电路;另一个信号加至B输入通道,用于使门控电路复原。测量时,A输入通道的输入脉冲较早出现,触发门控电路,开启主门,开始对时标信号 T_{s} 计数;较迟出现的B输入通道的输入脉冲使门控电路复原,关闭主门,停止对 T_{s} 计数。有关波形如图8.3.5所示。

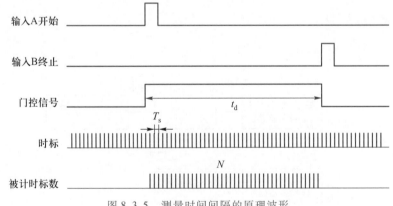

图8.3.5　测量时间间隔的原理波形

计数器对主门开启时间的计数结果 N 与两脉冲信号之间的时间间隔 t_{d} 的关系为

$$t_{\mathrm{d}} = NT_{\mathrm{s}}$$

为了适应测量的需要,在A、B输入通道内分别设置触发极性选择和触发电平调节。根据要求测量的时间间隔所在点信号极性和电平的特征来选择触发极性和触发电平,就可以在被测时间间隔的起点和终点所对应的时刻决定主门的开闭。

测量一个脉冲信号内的时间间隔时,将工作开关置于"合"的位置,两输入通道并联,被测信号由此公共输入端输入。调节两个输入通道的触发极性和触发电平,可测量脉冲信号的脉冲宽度、前沿、休止期等参数。

如要测量某正脉冲的脉宽,可将A输入通道触发极性选择为"+",B输入通道触发极性选择为"–",调节两通道触发电平均为脉冲幅度的 50%,则计数结果即为脉宽值。若将 A、B 输入通道触发极性分别改选为"–"和"+",则可测得该脉冲休止期时间。若要测量正脉冲的前沿,可将两输入通道的触发极性均选为"+",调节 A 输入通道的触发电平到脉冲幅度的 10% 处,调节 B 输入通道的触发电平到脉冲幅度的 90% 处,则计数结果即为该脉冲的前沿值。

8.3.5　累加计数

微课
通用电子计数器累加计数的原理

累加计数是通用电子计数器最基本的功能之一,是指在给定的时间内,对输入的脉冲进行累加计数。其原理如图 8.3.6 所示。

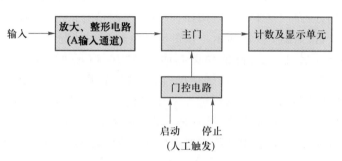

图 8.3.6　累加计数的原理

图 8.3.6 中,主门的开关由人工控制。打开主门,开始计数,计数电路对输入的序列脉冲个数进行累加;关闭主门,计数停止。累加计数的总和直接由显示电路显示。若再次打开主门,则在原来计数的基础上继续计数,并显示两次计数累加的总和。注意:在打开主门之前,如做复零操作,则仪器显示也随之为零。累加计数时,一般不用记忆显示。

8.3.6　自校

微课
通用电子计数器自校的原理

在正式测量前,为了检验仪器工作是否正常,通用电子计数器一般都设有自校功能。自校原理与频率测量原理基本相同,如图 8.3.7 所示。

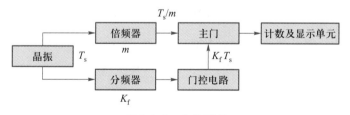

图 8.3.7　自校原理

用晶振产生的标准信号(或经分频、倍频)代替频率测量时的被测信号,以完成自校任务。整个自校过程实质是在给定的主门开启时间内对已知的时标信号进行计数,计数的结果是可以预知的。如果分频器的分频系数为 K_f,倍频器的倍频系数为 m,则

$$N = \frac{K_f \cdot T_s}{\dfrac{T_s}{m}} = K_f \cdot m$$

整机工作是否正常,可根据上式自行校对,即自校。

8.4　通用电子计数器的测量误差分析

通用电子计数器在测量有关参数时所产生的测量误差来源于以下三个方面。

微课

通用电子计数器的测量误差分析

8.4.1　量化误差

量化误差又称计数误差。由于主门的开启和计数脉冲信号的到达在时间关系上是随机的,因此,在相同的主门开启时间内,计数器对同样的脉冲串进行计数时,计数结果不一定相同,因而产生了误差。例如,假设某次测量时,主门开启时间为计数脉冲信号周期的 6.4 倍,如图 8.4.1 所示。在图 8.4.1(a)所示情况下,主门开启较早,因而计数器只计得 6 个脉冲,比实际值少 0.4;而在图 8.4.1(b)所示情况下,主门开启较迟,计数器计得 7 个脉冲,比实际值多 0.6。两种测量结果都与实际值存在差异。实际上,用通用电子计数器测量频率或时间是一个量化的过程,量化的最小单位是数码的一个字,即量化的结果只能取整数,故这种误差的极限是 ±1 个数码,称为量化误差,又称为 ±1 误差。这种误差是利用计数原理进行测量的仪器所固有的,不可避免。

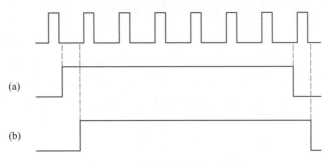

(a)

(b)

图 8.4.1　量化误差形成示意图

量化误差的特点是不论数值 N 多大,其误差都是 ±1,因此它的相对误差为

$$\gamma_n = \frac{\Delta N}{N} \times 100\% = \frac{\pm 1}{N} \times 100\%$$

式中,ΔN 为量化误差。可见,最终计数值 N 越大,量化误差的影响越小。这正是在测量时要求尽量增加测量结果有效数字位的原因所在。

8.4.2　标准频率误差

通用电子计数器在测量频率和时间时都是以晶体振荡器产生的各种标准时间信号为基准。显然,如果标准时间信号不准或不稳定,则会产生测量误差,此误差称为时基误差或标准频率误差 $\Delta f_s / f_s$。一般通用电子计数器内部都采用优质晶体,且多置于恒温槽内工作,保证了标准频率误差较小,因此这项误差的影响往往可以忽略不计。

8.4.3　触发误差

测量频率时,必须对被测信号进行放大、整形,将其转换为计数脉冲信号;测量周期或时间时,也必须对被测信号进行放大、整形、将其转换为门控信号。转换过程中存在各种干扰和噪声的影响,用施密特电路进行整形时,电路本身的触发电平还可能产生漂移,从而引入触发误差。误差的大小与被测信号的大小和转换电路的信噪比有关。

测量频率、周期时,为保证测量准确,应尽量提高信噪比,以减小干扰的影响,输入仪器的被测信号不宜衰减过大。测量时间时,被测信号多为脉冲信号,触发误差的大小与信号波形及信噪比有关,通常较测量正弦信号时为小,信噪比较高时,往往可以忽略不计。

综上所述,三项误差中,在正常测量频率时触发误差可以不予考虑,且标准频率误差较之量化误差也小得多,往往将其忽略,所以测量频率时误差主要由量化误差决定;上述三项误差都会对周期测量产生影响,提高信噪比和采用多周期测量法可以减小触发误差的影响,标准频率误差通常可以忽略不计。

8.5　通用电子计数器典型产品介绍

GFC-8131H 型通用电子计数器具有频率、周期、时间间隔、脉宽、占空比、累加计数、相位差等测量功能和频率的多次平均、最大值、最小值、标准偏差、方差、单次相对偏差的测量运算功能。计数器的通道 A 用于测量范围为 0.01 Hz ~ 120 MHz 的频率和周期,通道 B 的测量范围为 50 MHz ~ 1.3(2.7) GHz。

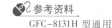
参考资料
GFC-8131H 型通用
电子计数器说明书

1. 面板说明

GFC-8131H 型通用电子计数器的面板如图 8.5.1 所示。

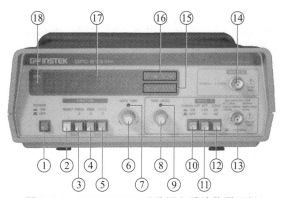

图 8.5.1　GFC-8131H 型通用电子计数器面板

图 8.5.1 中各部分含义如下。

①—POWER ON/OFF:电源开/关键。

②—RESET:复位键。

③—FREQ A:选择通道 A 频率模式。

④—PRID A:选择通道 A 周期模式。

⑤—FREQ B:选择通道 B 频率模式。

⑥—GATE TIME(旋钮):主门时间旋钮,用于连续选择从 10 ms ~ 10 s 的不同测量时间。拉出此旋钮,显示值可被锁定。

⑦—GATE TIME(LED):主门指示灯,当 GATE TIME 发光二极管亮时,计数器的

主门电路打开,开始测量。

⑧—TRIG LEVEL(旋钮):触发电平旋钮,拉出此旋钮,触发电平在−2.5 V×ATT 到 +2.5 V×ATT 间变动;按下此旋钮,则自动设置触发电平。

⑨—TRIG LEVEL(LED):触发指示灯,设置触发电平后,该发光二极管可显示输入信号高于或低于触发电平。

⑩—100 kHz LPF ON/OFF:用于在通道 A 中加入一 100 kHz 的低通滤波器。

⑪—ATT ×20/×1:选择通道 A 的衰减率。"×20"表示衰减率为 20,"×1"表示输入信号直接连到放大器。

⑫—COUP DC/AC:选择通道 A 的直流或交流耦合。

⑬—INPUT A:通道 A 的输入通道。

⑭—INPUT B:通道 B 的输入通道。

⑮—S:显示值的单位为秒(s)。

⑯—Hz:显示值的单位为赫兹(Hz)。

⑰—DISPLAY(LED):8 位红色 LED 显示。

⑱—OVFL(LED):表示一个或多个有效数字无法显示。

2. 操作方法

动画
通用电子计数器
操作

(1) 信号测量

若被测信号频率范围为 0.01 Hz ~ 120 MHz,按下 FREQ A 开关,将被测信号连到通道 A。若被测信号频率范围为 50 MHz ~ 1.3(2.7) GHz,按下 FREQ B 开关,将被测信号连到通道 B。

(2) 主门开启时间设置

此仪器可连续调整 10 ms ~ 10 s 的主门开启时间或一个周期输入,取决于时间较长者。主门开启时间的调整会影响到采样率和读值分辨率。逆时针旋转 GATE TIME 旋钮可加快读数,顺时针旋转此旋钮可提高显示分辨率。

拉出 GATE TIME 旋钮可锁定当前显示值以方便记录,按下此旋钮则恢复计数器正常操作。

(3) 触发电平调整

通过拉出并旋转 TRIG LEVEL 旋钮可调整通道 A 输入信号的触发电平,触发电平可设为−2.5 V×ATT 到+2.5 V×ATT 之间。如果按下此旋钮,则计数器被设定在自动触发状态(此旋钮只适用于通道 A)。

(4) 低通滤波器

通道 A 的低频测量噪声会造成读值不稳定,低通滤波器可最小化高频噪声,使计数器仅测量需要测量的低频成分。若需要更稳定的读值,可按下 100 kHz LPF 开关,在通道 A 中内建一个 100 kHz 的低通滤波器。

(5) 衰减器

通道 A 输入电路中提供一衰减器,在测量大信号时可提供额外过载保护。按下 ATT 开关可使信号衰减 20 倍,当测量信号的幅值未知时,建议按下此开关以提供保护,若信号幅值很低,则弹起此开关以获得更高的灵敏度。

任务 9

频域的测量与检验

任务目标

　　① 能够根据滤波电路幅频曲线的检验标准,制定测量与检验方案,拟定电路检测的内容、方法,并编写滤波电路幅频曲线的测试任务单;

　　② 能够根据抽样方案,合理地进行抽样;

　　③ 能够使用频率特性测试仪测量幅频特性,能够使用失真度仪测量失真度;

　　④ 能够正确填写测试任务单;

　　⑤ 能够对频率特性测试仪进行日常维护、保养;

　　⑥ 能够根据测量参数,选择合适的测量仪器。

任务实施

　　子任务:低通滤波器幅频特性的测量与检验。

　　任务描述:组建图 9.0.1 所示电路,用频率特性测试仪测量低通滤波器的幅频特性。

　　任务要求:

　　① 组建测试系统,用频率特性测试仪测量出该电路的幅频特性。

　　② 设计测试任务单,并填写完整。

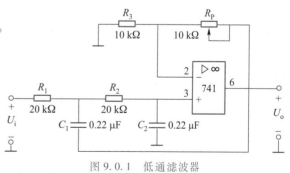

图 9.0.1 低通滤波器

任务指导

9.1　频域测量概述

　　前文讨论的仪器都可以用来对信号进行时域分析,属于时域测量仪器;另有一类仪器可以将信号作为频率的函数进行分析,称为频域测量仪器。一般情况下,线性系统的频率特性测量包括幅频特性测量和相频特性测量。以下讨论幅频特性测量。

　　目前,幅频特性测量多采用扫频计数。扫频计数是 20 世纪 60 年代发展起来的一种新技术,目前已获得广泛的应用。用这种测量方法可以直接在示波管屏幕上显示出被测电路(或器件)的幅频特性或信号源的频谱特性等,还可以测量网络的参数。使用依据扫频技术制成的频率特性测试仪(又称扫频仪)对放大器、衰减器及谐振网络等的频率特性进行直接显示和快速测量,不但简化了测试过程,而且更接近实际工作状态。扫频计数已经成为一种半自动测量方法,在很多领域特别是生产线上获得广泛的应用。

　　正弦波信号是在时域中定义的,但谐波失真参数却是用正弦波通过傅立叶变换后在频域中的各谐波分量相对基波幅度的大小来表示的,可用失真度仪来测量正弦波信号的谐波失真。

9.2　线性系统频率特性的测量

　　线性网络对正弦输入信号的稳态响应,称为网络的频率响应,也称为频率特性。一般情况下,网络的频率特性是复函数。其模值表示频率特性的幅度随频率变化的规律,称为幅频特性;相位值表示网络的相位随频率变化的规律,称为相频特性。频率特性测量包括幅频特性测量和相频特性测量,以下只讨论幅频特性测量。

9.2.1　幅频特性的测量方法

　　幅频特性的测量方法主要有两种:点频测量法和扫频测量法。

　　1. 点频测量法

　　点频测量法就是通过逐点测量一系列规定频率点上的网络增益(或衰减)来确定幅频特性曲线的方法,其原理如图 9.2.1 所示。

图 9.2.1　点频测量法测量幅频特性原理

　　测量方法:在被测网络整个工作频段内,改变输入信号的频率,同时保持输入电压的幅度恒定(用电压表 I 来监视),在被测网络输出端用电压表 II 测出各频率点相应的输出电压,做好记录。然后在直角坐标系中,以横轴表示频率的变化,以纵轴表示输出电压幅度的变化,连接各点,即可绘制出网络的幅频特性曲线。

点频测量法是一种静态测量法,能够反映被测网络的静态特性,测量时不需要专用仪器。但是这种方法烦琐、费时,且不直观,还有可能会漏掉一些关键点和突变点。

2. 扫频测量法

扫频测量法是在点频测量法的基础上发展起来的一门新技术。它利用一个扫频信号发生器取代了点频测量法中的正弦信号发生器,用示波器取代了点频测量法中的电压表,其原理如图 9.2.2 所示。

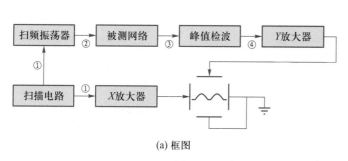

(a) 框图

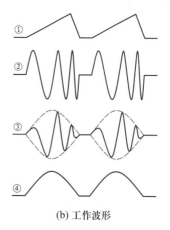

(b) 工作波形

图 9.2.2　扫频测量法测量幅频特性原理

扫描电路产生线性良好的锯齿波电压(如波形①)。这个锯齿波电压一方面加到扫频振荡器中对其振荡频率进行调制,使其输出信号的瞬时频率在一定的频率范围内由低到高做线性变化,但其幅度不变,这就是扫频信号(如波形②)。另一方面,该锯齿波电压通过放大,加到示波管 X 偏转系统,配合 Y 偏转信号来显示图形。扫频信号经过被测网络后,幅度按照被测网络的幅频特性做相应变化(如波形③),其包络线的形状就是被测网络的幅频特性,所以将该波形经过峰值检波,得出被测网络的幅频特性(如波形④)。最后经过 Y 通道放大,加到示波管 Y 偏转系统。示波管的水平扫描电压用于调制扫频信号发生器形成扫频信号,示波管屏幕光点的水平移动与扫频信号频率随时间的变化规律完全一致,所以水平轴也就是频率轴。

扫频测量法简单,速度快,可以实现频率特性测量的自动化。由于扫频信号频率是连续变化的,不存在测试频率的间断点,因此不会漏掉突变点。扫频测量法反映的是被测网络的动态特性,如滤波器动态滤波特性等。此外,用扫频测量法测量网络时,可以边测量边调试,大大提高了调试工作的效率。

9.2.2　频率特性测试仪的工作原理

1. 基本工作原理

频率特性测试仪是在静态逐的点频测量法的基础上发展起来的一种快速、简便、实时、动态、多参数、直观的测量仪器。它是将扫频信号源及示波器的 X–Y 显示功能结合在一起,并增加了某些附属电路而构成的一种通用仪器,用于测量网络的幅频特性,其原理如图 9.2.3 所示。

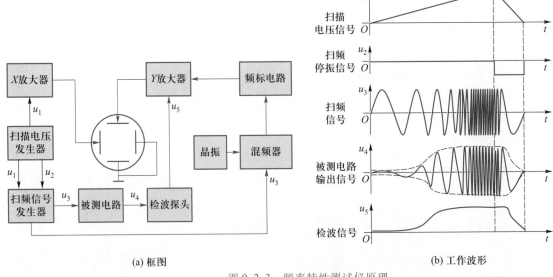

(a) 框图　　　　　　　　　(b) 工作波形

图 9.2.3　频率特性测试仪原理

扫描电压发生器产生的扫描电压 u_1 既加至 X 轴,又加至扫频信号发生器,使扫频信号的频率变化规律与扫描电压一致,从而使得每个扫描点与扫频信号输出的频率之间存在着一一对应的确定关系。扫描电压信号的波形可以是锯齿波,也可以是正弦波或三角波。这些信号一般由 50 Hz 市电经降压、限幅、整形之后获得。因为光点的水平偏移与加至 X 轴的电压成正比,即光点的水平偏移位置与 X 轴上所加电压有确定的对应关系,而扫描电压信号与扫频信号的输出瞬时频率又有一一对应关系,故 X 轴相应成为频率坐标轴。

扫频信号 u_3 加至被测电路,检波探头对被测电路的输出信号 u_4 进行峰值检波,并将检波所得信号 u_5 送往示波器 Y 轴电路。该信号的幅度变化正好反映了被测电路的幅频特性,因而在屏幕上能直接观察到被测电路的幅频特性曲线。

为了标出 X 轴所代表的频率值,需另加频标信号。该信号是由作为频率标准的晶振信号经谐波发生器后与扫频信号混频而得到的。其形成过程将在后面讨论。

图 9.2.4　单向扫频回扫
显示零基线

用动态法测量幅频特性时,由于扫描的正程时间和逆程时间不同,即正程和逆程的扫描速度不同,因此正程扫出的曲线和逆程扫出的曲线不重合。为便于测试和读出,一般要在电路中采取措施,使扫频信号发生器在逆程期间停振,即采用单向扫描,因而在逆程期屏幕上显示的是零基线,如图 9.2.4 所示。图 9.2.3(b) 中的 u_2 就是用来使扫频信号发生器停振的信号。

2. 扫频信号发生器的主要工作特性

(1) 有效扫频宽度和中心频率

有效扫频宽度指在扫频线性和振幅平稳性能符合要求的前提下,一次扫描能达到的最大频率覆盖范围,有

$$\Delta f = f_{\max} - f_{\min}$$

式中，Δf 为有效扫频宽度；$f_{\max}$ 为一次扫频能获得的最高瞬时频率；$f_{\min}$ 为一次扫频能获得的最低瞬时频率。

扫频信号就是调频信号。在线性扫频时，频率变化是均匀的，称 $\Delta f/2$ 为频偏。中心频率 f_0 为

$$f_0 = \frac{f_{\max} + f_{\min}}{2}$$

中心频率范围指 f_0 的变化范围，也就是频率特性测试仪的工作频率范围。

相对扫频宽度为有效扫频宽度与中心频率之比，即

$$\frac{\Delta f}{f_0} = 2 \times \frac{f_{\max} - f_{\min}}{f_{\max} + f_{\min}}$$

通常把 Δf 远小于信号瞬时频率的扫频信号称为窄带扫频信号，把 Δf 和信号瞬时频率可以相比拟的扫频信号称为宽带扫频信号。

（2）扫频线性

扫频线性指扫频信号瞬时频率的变化和调制电压瞬时值的变化之间的吻合程度。吻合程度越高，扫频线性越好。

（3）振幅平稳性

在幅频特性测试中，必须保证扫频信号的幅度恒定不变。扫频信号的振幅平稳性通常用它的寄生调幅来表示，寄生调幅越小，表示振幅平稳性越好。

（4）频标

为使幅频特性容易读数，应有多种频率标记（简称频标），必要时频标可外接。

3. 产生扫频信号的方法

在现代频率特性测试仪中，一般采用以下几种扫频形式产生等幅的扫频信号。

（1）变容二极管扫频

变容二极管扫频是通过改变振荡回路中的电容量，以获得扫频信号的一种方法。它将变容二极管作为振荡器选频电路中电容的一部分，扫频振荡器工作时，将调制信号反向加到变容二极管上，使二极管的电容随调制信号变化而变化，进而使振荡器的振荡频率也随着变化，达到扫频的目的。改变调制电压的幅度可以改变扫频宽度，即改变扫频振荡器的频偏。改变调制电压的变化速率可以改变扫频速度。

（2）磁调制扫频

磁调制扫频是通过改变振荡回路中带磁芯的电感线圈的电感量，以获得扫频信号的一种方法。

在磁调制扫频电路中，通常调制电流为正弦波，即采用正弦波扫频。由于磁性材料存在一定的磁滞，在调制电流 i_M 的一个周期内，导磁系数的变化并非按同一轨迹往返，即正程和回程的扫频线性不同。为使观测时图像清晰，必须使扫频振荡器工作在单向扫频状态，回程时令振荡器停振，屏幕显示零基线。

磁调制振荡电路会产生寄生调幅，这是因为高频线圈的 Q 值在扫频振荡器中会随着调制电流的变化而变化，因此需要加自动稳幅电路来使扫频信号振幅保持恒定。

4. 频率标记电路

频率标记电路简称频标电路,其作用是产生具有频率标志的图形,叠加在幅频特性曲线上,对图形的频率轴进行定量,可以用来确定曲线上各点相应的频率值。频标的产生通常采用差频法,其原理如图 9.2.5 所示。

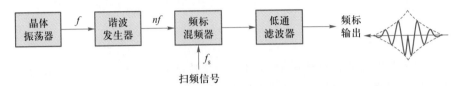

图 9.2.5　差频法产生频标的原理

图 9.2.5 中,对晶体振荡器输出的正弦波进行限幅、整形、微分,形成含有丰富谐波成分的尖脉冲,再与扫频信号混频而得到菱形频标。设晶体振荡器的频率为 f,其谐波为 nf,扫频信号的频率为 f_s,f_s 是一个频率大范围变化的信号。晶振谐波与扫频信号在混频器中混频,$f_s = nf$ 时得到零差点。混频后的信号在零差点附近,两频率之差迅速变大。该信号通过低通滤波器时,其高频成分被滤波,使得零差点附近的信号幅度迅速衰减而形成菱形频标。5 MHz 频标的形成过程如图 9.2.6 所示。

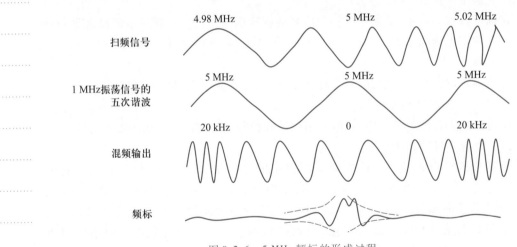

图 9.2.6　5 MHz 频标的形成过程

当扫频信号经过一系列晶振频率的谐波点时,会产生一列频标,形成频标群。把这些频标信号加至 Y 放大器和检波后的信号混合,就能得到加有频标的幅频特性曲线,以便读出各点相应的频率值,如图 9.2.7 所示。

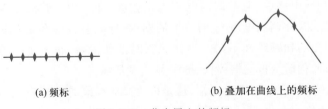

(a) 频标　　　　　　　　　(b) 叠加在曲线上的频标

图 9.2.7　荧光屏上的频标

为提高分辨率,在低频频率特性测试仪中常采用针形频标。在显示曲线上针形频标是一根细针,宽度比菱形频标窄,在测量低频电路时有较高的分辨率。只要在菱形频标产生电路后增加整形电路,使每个菱形频标信号产生一个单窄脉冲,便可形成针形频标。

9.3 频率特性测试仪典型产品介绍

PD1230A 型低频频率特性测试仪由扫频信号发生器、频率计和显示单元等电路组成,它用动态扫频测量技术给出一个可靠的结果,长余辉示波管直接显示被测设备的频率特性,在 20 Hz～2 MHz 范围内分两个频段进行手动、线性、对数三种方式扫频,可以快速直观地测量放大器、检波器、电声器件等有源、无源四端网络的幅频特性,尤其对各种滤波器(陶瓷滤波器、机械滤波器、集总参数滤波器)的测试结果较为理想。

参考资料
PD1230A 型低频频率特性测试仪说明书

1. 面板说明

PD1230A 型低频频率特性测试仪的前面板如图 9.3.1 所示。

微课
PD1230A 型低频频率特性测试仪面板说明

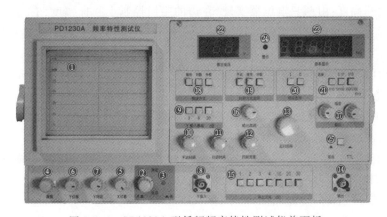

图 9.3.1 PD1230A 型低频频率特性测试仪前面板

图中各部分的含义如下。

①—显示器:显示待测网络的幅频特性曲线,且具有矩形内对数刻度线的坐标。

②—电源/辉度:向外拉出为接通电源,按下为关闭电源,同时绿色指示灯亮。辉度即亮度,用来调节扫描线的亮度,顺时针调节亮度最大,反之则最暗。

③—指示灯:指示频率特性测试仪的工作状态。

④—聚焦:调节显示器上扫描线的粗细,一般情况下扫描线调节在 1 mm 左右。

⑤—X 位移:左右旋转该旋钮,可使扫描线左右移动。

⑥—Y 位移:左右旋转该旋钮,可使扫描线上下移动。

⑦—Y 增益:用于调节输入信号幅度的大小,以使得待测信号能直观地显示在显示器上。

⑧—Y 输入:通常接检波探头的输出端,可输入来自待测四端网络的 20 Hz～2 MHz 的信号,亦可输入已检波信号。

⑨—Y 输入衰减:具有 3 dB、6 dB、20 dB 三种选择,由互锁按键控制,按下三种衰减

值中任一种时,信号即被衰减相同 dB 值,全部未按下即为 0 dB。

⑩—手动扫频:顺时针调节使扫描线向右移动,频率升高;反之频率降低。手动扫频时计数器工作,显示当前频率,为点频输出。

⑪—扫频时间:在 1 ~ 30 s 内自由调节。顺时针调节旋钮时,扫频时间增加;反之则减少。

⑫—扫频宽度:调节该旋钮,可得到合适的扫频宽度,顺时针调节时,扫频宽度增大;反之则减少。

⑬—起扫频率:采用多圈电位器控制压控振荡器起始振荡频率,配合"扫频宽度"旋钮使用,使最高振荡频率在技术指标范围内(即面板上警示二极管灭,若警示二极管亮应立即减小扫频宽度,以免损坏仪器)。

⑭—扫频输出:具有 75 Ω 特定阻抗,最大扫频信号输出大于或等于 2.45 V,以供待测网络使用。

⑮—输出衰减:由七挡自锁按键控制,可组成 1 dB 步进衰减,总衰减量可达 70 dB。

⑯—输出微调:配合"输出衰减"按键使用,可得到任意输出值。

⑰—频标幅度:由两只电位器实现,左边的旋钮控制小频标幅度,右边的旋钮控制大频标幅度,使用时可与"扫频时间"旋钮紧密配合,使显示器上的频标显示稳定,大小适中。

⑱—检波方式:具有"线性""对数""外检"三种选择,并由互锁按键控制。按下"线性"按键,Y 坐标为线性刻度的显示方式;按下"对数"按键,Y 坐标为对数刻度的显示方式;按下"外检"按键,Y 坐标为线性刻度的显示方式,并外接检波器,此时输入信号是已被检波的直流信号。

⑲—扫频方式选择:具有"手动""线性""对数"三种选择,并由互锁按键控制。按下"手动"按键,输出为点频,配合"手动扫频"旋钮使用;按下"线性"按键,输出频率为线性扫频;按下"对数"按键,输出频率为对数扫频。

⑳—频段选择:由两个互锁按键控制,按下"Ⅰ"按键,输出频率范围为 20 Hz ~ 20 kHz;按下"Ⅱ"按键,输出频率范围为 20 kHz ~ 2 MHz。

㉑—频标选择:配合"频段选择"按键使用,Ⅰ 频段具有 0.1 kHz/1 kHz、1 kHz/ 10 kHz两种组合频标;Ⅱ 频段具有 1 kHz/10 kHz、10 kHz/100 kHz、100 kHz/1 MHz 三种组合频标,由三个互锁按键控制。根据不同的扫频宽度选择相对应的频标,原则是显示器上以少于或等于 20 个小频标,以及 2 个大频标为宜。

㉒—输出电压:由 3 位数码管显示输出电压值。

㉓—频率显示:由 5 位数码管显示频率值,小数点自动转换。在手动扫频时指示频率特性测试仪输出频率,自动扫频时不工作。

㉔—警示:指示扫频宽度和起扫频率工作状态已超出正常范围。

㉕—简谐/TTL:具有简谐及 TTL 电平脉冲输出两种,当采用 TTL 电平脉冲输出时,输出衰减器不起作用。

2. 自校步骤

将连接电缆线三通的一头接"输出"插座,另一头接"Y 输入"插座,PD1230A 型低频频率特性测试仪自校状态下的按键和旋钮预置如下。

① 扫频方式:线性。

② 频段选择:Ⅱ。

③ 频标选择:100/1 000。

④ 频标幅度:左、右两个旋钮均顺时针调节到最大位置。

⑤ 输出微调:顺时针调节到最大位置。

⑥ 起扫频率:逆时针调节到最小位置。

⑦ 手动扫频:调节至任意位置。

⑧ 扫频时间:逆时针调节到最小位置。

⑨ 扫频宽度:顺时针调节到最大位置。

⑩ 简谐/TTL:弹出。

⑪ 输出衰减:0 dB(按键全部弹出)。

⑫ 拉出"电源/辉度"旋钮,接通电源,绿色指示灯亮,输出电压显示≥2.45 V。

⑬ 适当调节"辉度""聚焦""Y 位移""Y 增益"等旋钮可使显示器上出现扫频方框,如图 9.3.2 所示。回扫线应落在显示器−50 dB 刻度线下方的基线上,扫频线落在显示器−10 dB 刻度线上,且扫频线上有呈线性排列的组合频标,应包含 2 个大频标、20 个小频标。扫描线上的闪烁光点即是频标,从最左边的第 1 个频标算起,左边第 1 个小频标为 100 kHz,第 2 个为 200 kHz,依次类推;第 1 个大频标为 1 MHz,第 2 个大频标为 2 MHz。

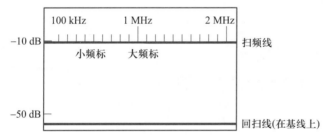

图 9.3.2　自检的扫频方框图形

⑭ 检波方式:对数。Y 输入衰减:0 dB(按键全部弹出)。调节"Y 增益"旋钮,使扫频曲线落在显示器+10 dB 刻度线上,回扫线仍处在基线上。分别按下"输出衰减"的 10 dB、20 dB、30 dB、40 dB(10 dB+30 dB)、50 dB(20 dB+30 dB)、60 dB(10 dB+20 dB+30 dB)按键,使扫频曲线在显示器上做相应线性变化,误差在允许范围之内。

如果自校测试正常,便可进行下一步的测试工作。

在手动扫频时,只需将扫频方式设置为"手动",这时"频率显示"数码管点亮,调节"手动扫频"旋钮即可看到扫频曲线从左向右移动,同时数码管显示中心频率值,手动扫频为点频输出。

注　意

使用仪器时任何时候均不允许警示红灯点亮,灯亮表示对仪器操作不当,已超出仪器性能允许使用范围,应立即减小扫频宽度或降低起扫频率至灯灭为止,否则将导致仪器工作失常与损坏。

3. 图形的采样

将频率特性测试仪与被测网络按图 9.3.3 所示进行连接。

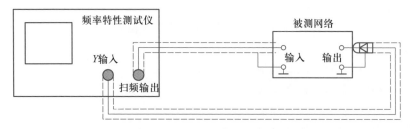

图 9.3.3 频率特性测试仪与被测网络连接示意图

用频段全景对被测网络进行图形搜索后,调节"起扫频率"与"扫频宽度"旋钮,将图形移至屏幕中央并展宽;再调节"频标幅度"和"扫频时间"旋钮,使频标稳定清晰;接着调节输出信号幅度,使图形达到顶部,回归线在水平基线上。若显示的频标少于 2 个,可按下另一频标按键,原则上屏幕显示的小频标以少于或等于 20 个为宜。

9.4 谐波失真度的测量

正弦波信号通过电路后,如果电路存在非线性失真,则输出信号中除包含原基波分量外,还会含有其他谐波分量,这就是电路产生的谐波失真,亦称为非线性失真。通常用谐波失真度(非线性失真度)来描述信号波形失真的程度。

9.4.1 谐波失真度的定义

信号的谐波失真度是指信号的全部谐波能量与基波能量之比的平方根值。对于纯电阻负载,谐波失真度定义为全部谐波电压(或电流)有效值与基波电压(或电流)有效值之比,即

$$K = \frac{\sqrt{U_2^2 + U_3^2 + \cdots + U_n^2}}{U_1} \times 100\% = \frac{\sqrt{\sum_{i=2}^{n} U_i^2}}{U_1} \times 100\%$$

式中,U_1 为基波电压有效值,单位为 V;U_2、U_3、$\cdots$、U_n 为各次谐波电压有效值,单位为 V;K 为谐波失真度,亦可简称为失真系数或失真度。

由定义可知,失真度 K 值可由电压量值导出,仅与信号中所含基波及各次谐波的电压有效值相关,而与它们的相位无关。失真度 K 是一个无量纲的比例系数(又称为失真系数、非线性失真系数),通常用百分数或分贝数(dB)表示。

谐波失真度的测量常常采用基波抑制法进行,由于基波难以单独测量,为方便起见,在基波抑制法中,通常按下式来计算失真度:

$$K_x = \frac{\sqrt{U_2^2 + U_3^2 + \cdots + U_n^2}}{\sqrt{U_1^2 + U_2^2 + \cdots + U_n^2}} \times 100\% = \frac{\sqrt{\sum_{i=2}^{n} U_i^2}}{\sqrt{\sum_{i=1}^{n} U_i^2}} \times 100\% \qquad (9.4.1)$$

式中, K_x 为实际测量的失真度,称为失真度测量值。

可以证明,谐波失真度 K 与用基波抑制法得到的失真度测量值 K_x 存在如下关系:

$$K_x = \frac{K}{\sqrt{1+K^2}}$$

当 $K = 20\%$ 时, K 与 K_x 的绝对差为 0.4% ;当 $K = 10\%$ 时, K 与 K_x 的绝对差为 0.05% 。 K 越小, K_x 与 K 值的差别越小。在小失真度测量时, $K \approx K_x$ 。

9.4.2　基波抑制法的测量原理

微课
基波抑制法的
测量原理

所谓基波抑制法,就是将被测信号中的基波分量滤除,测量出所有谐波分量总的有效值,其与被测信号总有效值相比的百分数即为失真度测量值。

根据基波抑制法组成的失真度测量仪(简称失真度仪)的简化原理如图 9.4.1 所示,它由输入信号调节器、基波抑制电路和电子电压表组成。

图 9.4.1　失真度仪的简化原理

测量分两步进行。

步骤 1:准备。使开关 S 置于"1"位,此时测量的结果是被测信号电压的总有效值。适当调节输入信号调节器,使电子电压表指示为某一规定的基准电平值,该值与失真度 100% 相对应,实际上就是使式(9.4.1)中分母为 1。

步骤 2:测量失真度。使开关 S 置于"2"位,调节基波抑制电路的有关元件,使被测信号中的基波分量得到最有效的抑制,也就是使电子电压表的指示最小。此时测量的结果为被测信号谐波电压的总有效值。由于第一步测量已校准,所以此时电子电压表的数值可定度为 K_x 值。

9.5　失真度仪典型产品介绍

GAD-201G 型自动失真度仪可用于测量信号的总体失真度,测量范围为 20 Hz ~ 20 kHz,最小满刻度挡位为 0.1% 。它具有自动调谐、自动选挡和自动电压控制电路,可省去繁杂的平衡调整、频率调谐控制以及输入电压设定控制的作业时间。

参考资料
GAD-201G 型自动
失真度仪说明书

此仪器应用两个指示表可同时进行电压和失真度的测量。测量时可通过簧片继电器自动选择适合的挡位。它还配有固定频率选择功能,可用于测量 FM/AM 收音机、立体声放大器、录音机等无线电设备的失真度。

该仪器能提供两个输出:一个是 X 轴(输入信号),另一个是 Y 轴。这些输出可用于观察输入信号和总谐波波形,能简易地测量李沙育(Lissajous)图形的失真度并分析失真的精确度。

微课
GAD-201G 型自动
失真度仪面板说明

1. 面板说明

GAD-201G 型自动失真度仪的面板如图 9.5.1 所示。

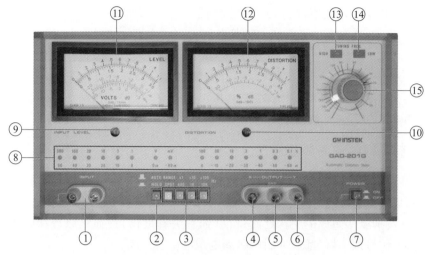

图 9.5.1   GAD-201G 型自动失真度仪面板

图 9.5.1 中各部分的含义如下。

①—输入端子(INPUT):用于测量失真度和交流电压值。

②—自动/保持(AUTO/HOLD):该按钮用于自动选择或保持测试中所设定的数值。

③—功能(RANGE/SPOT)和频率范围:选择 RANGE 时,可按下"×1""×10""×100"中任一按钮,并将调谐频率设置旋钮⑮设定在 20 Hz～20 kHz 内。选择 SPOT 时,可在400 Hz、1 kHz、10 kHz 中选择任一固定频率进行测试。

④—X 轴输出端子(X-OUTPUT):该接线柱端子用于观察信号波形。当观察李沙育图形时,将该接线柱端子与示波器的 X 轴输入端相连接,电压表上显示满刻度位置的输出电压有效值约为 1 V。

⑤—地线输出端子(GND):当使用 X 轴和 Y 轴输出时,此端子必须接地。

⑥—Y 轴输出端子(Y-OUTPUT):在测量失真度时,该接线柱端子用于观察全谐波信号输出的波形。当观察李沙育图形时,将该接线柱端子与示波器的 Y 轴输入端相连接,电压表上显示满刻度位置的输出电压有效值约为 0.5 V。

⑦—电源开关(POWER):按下电源开关,测量挡位指示灯⑧会亮起,表示失真度仪已启动。

⑧—测量挡位指示灯:指示当前测量的电压挡位及失真度挡位。

⑨—电压零点调整:用于调整电压表的表头零点。

⑩—失真度零点调整:用于调整失真度表的表头零点。

⑪—电压表(LEVEL):用于指示被测信号的有效值。刻度有 0～1.12、0～3.5、-20～+1 dB 和-20～+3.2 dBm 四项。

⑫—失真度表(DISTORTION):用于指示被测信号的失真度,刻度有 0～1.12%,0～3.5% 和-20～+1 dB 三项。

⑬—高指示灯(调谐频率)(HIGH):此灯亮起表示输入信号的基频高于陷波滤波的基本信号的中心频率。

⑭—低指示灯（调谐频率）（LOW）：此灯亮起表示输入信号的基频低于陷波滤波的基本信号的中心频率。

⑮—调谐频率设置旋钮：用于调节频率而获得所需要的测量频率。

2．操作方法

（1）打开电源

① 将电源开关置于"OFF"的位置。

② 检查指针零设定。如果发生偏移，可用小螺丝刀调节失真度仪面板中央的电压零点调整螺钉⑨和失真度零点调整螺钉⑩。

③ 将电源开关置于"ON"的位置。

（2）输入信号前的注意事项

加入任何有效值大于 350 V 的输入信号将会损坏仪器。应先用其他电压表进行测量，以确定输入信号的有效值小于 350 V。

（3）交流电压测量

① 当连接信号到输入端子时，失真度仪将自动选择适当挡位，并以测量挡位指示灯⑧指示目前挡位。

② 可从表头刻度盘上取得读值。

（4）分贝刻度的使用

显示在测量挡位指示灯⑧下面的数字对应于分贝刻度，其挡位为 0 ~ +50 dB。当挡位为 1 ~ 300 V 时，其分贝值与读值一致；当挡位为 1 ~ 300 mV 时，其分贝值为读值减 60 dB。

（5）失真测量

为了抑制主要的谐波，失真表需要调整陷波滤波器的中心频率。

① 使用频率范围设定输入的基本频率："×1"表示 20 ~ 200 Hz，"×10"表示 200 Hz ~ 2 kHz，"×100"表示 2 ~ 20 kHz。

② 设定调谐频率设置旋钮⑮，将表头读数减至最小。

③ 当输入信号的基本频率与仪器的基本频率大小差不多时，观察高指示灯⑬和低指示灯⑭，若高指示灯亮，向左转动调谐频率设置按钮⑮，若低指示灯亮，向右转动调谐频率设置旋钮⑮，以增加或者减少基本频率，直至这两个指示灯熄灭。

数据域的测量与检验

任务目标

①　能够根据数字逻辑电路输出波形的检验标准,制定测量与检验方案,拟定电路检测的内容、方法,并编写数字逻辑电路输出波形的测试任务单;

②　能够根据抽样方案,合理地进行抽样;

③　能够使用逻辑分析仪进行数据域分析;

④　能够正确填写测试任务单;

⑤　能够对逻辑分析仪进行日常维护、保养;

⑥　能够根据测量参数,选择合适的测量仪器。

任务实施

子任务:单片机开发板端口的测量与检验。

任务描述:对单片机开发板 P0 口、P1 口输出的信号进行测量与检验。

任务要求:

①　能够正确编写测试任务单,并正确填写;

②　能够正确使用逻辑分析仪。

任务指导

10.1 数据域分析概述

随着数字技术的发展,尤其是大规模数字集成电路、微处理器、微型计算机的推广和应用,在测试技术中相应开拓出一个新领域——数字系统的测试。由于数字系统所处理的是一些脉冲序列,多为二进制信号,通常称为数据,因此有关的分析也就称为数据域分析。在数字系统的测试中,逻辑功能的测试成为重要形式,传统的时域或频域测量仪器已很难适应需要,数据域测量仪器也随之应运而生。它们是电子测量仪器领域中新的一族,用于数字电子设备或系统的软硬件设计、调试、检测和维修。

10.1.1 数据域分析的基本概念

微课
时域和数据域
的比较

前面讨论了时域分析及频域分析仪器。时域分析是以时间为自变量,以被测信号(电压、电流等)为因变量进行分析,如图 10.1.1(a)所示。例如,示波器就常用来观察信号电压的瞬时值随时间的变化,它是典型的时域分析仪器。频域分析是在频域内描述信号的特征,如图 10.1.1(b)所示。例如,频率特性测试仪是以频率为自变量,以各频率分量的信号值为因变量进行分析,是典型的频域分析仪器。数据域分析则是以离散时间或事件作为自变量的数据流的分析,如图 10.1.1(c)所示。

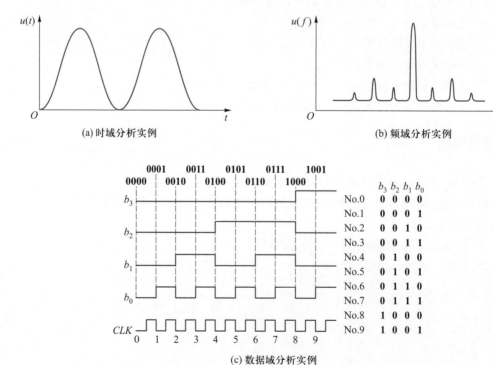

(a) 时域分析实例
(b) 频域分析实例
(c) 数据域分析实例

图 10.1.1   时域、频域、数据域分析实例

数字逻辑电路以二进制数字的方式来表示信息。在每一时刻,多位 **0**、**1** 数字的组合(二进制码)称为一个数据字,数据字随时间的变化按一定的时序关系形成了数字系统的数据流。

图 10.1.1(c)表示一个简单的十进制计数器,自变量为计数时钟的作用序列,输出是由 4 位二进制码组成的数据流。对这种数据流可以用两种方法表示:用各有关位在不同时钟作用下的高低电平表示[见图 10.1.1(c)左侧];或者用在时钟序列作用下的"数据字"表示[见图 10.1.1(c)右侧],这个数据字是由各种信号状态的二进制码组成的。虽然两种表示方法的形式不同,但表示的数据流内容却是一致的。

除了用离散的时间做自变量外,数据域分析还可以用事件序列做自变量。

在数据域分析中,人们关注的通常并不是每条信号线上电压的确切数值和对它们进行测量的准确度,而只需要知道各信号处于低电平还是高电平以及各信号互相配合在整体上表示什么意义。

10.1.2　数字信号的特点

数字域的测试和时域、频域测试有很大的不同,这是由数字系统内的数字信号所决定的。数字信号的主要特点如下。

1. 数字信号一般是多路传输

一个数据字、一组信息或一条计算机指令或地址,都是由按一定规则编码的位(bit)组成的。因此,对这些信号要进行多路输出,而数据域测试仪器应能同时进行多路测试。

2. 数字信号按时序传递

数字系统都具有一定的逻辑功能,为完成该功能,通常要严格按一定的时序工作,设备中的信号都是有序的信号流,因而对数字设备的测试最重要的就是要检测各信号间的时序和逻辑关系是否合乎要求。

3. 数字信号的传输方式多样

数字系统中数据的传输方式是多种多样的,在同一个计算机系统中,数据和信号可以有同步传输和异步传输两种方式。在有的设备中,信号有时并行传输,有时又串行传输。如图 10.1.2 所示,输入信号是 4 位并行传输方式,输出信号是串行传输方式。并行传输方式实质上是以硬件设备换取速度,串行传输方式实质上是以时间换取硬件设备。在远距离数据传输中,一般采用串行传输方式。

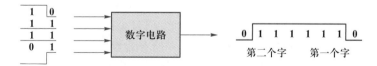

图 10.1.2　输入/输出数据流

4. 数字信号很多是单次或非周期性的

数字设备的工作是时序的,在执行一个程序时,许多信号只出现一次,或者仅在关键的时候(如中断事件)出现一次;某些信号可能重复出现,但并非时域上的周期信号,例如子程序例程的调用。因此,利用示波器这类测量仪器难以观测到这些信号,更难以发现故障。

5. 数字信号的速度变化范围很宽

数字系统内信号的速度变化范围很宽,而且往往在一个系统中高速信号和低速信号同时存在。例如,计算机系统中就是高速工作的主机和低速工作的打印机、电传机等同时工作。中央处理器具有皮秒($1\ ps = 1 \times 10^{-12}\ s$)量级的分辨率,而电传机输入键的选通脉冲却以毫秒($1\ ms = 1 \times 10^{-3}\ s$)计,可见其信号的速度变化范围很宽。

6. 数字信号为脉冲信号

数字信号为脉冲信号,各通道信号的前沿很陡,频谱分量十分丰富。因此,数据域测量中必须注意选择开关器件,并注意信号在电路中的建立和保持时间。

10.2   逻辑分析仪

逻辑分析仪(logic analyzer,LA)可以有效地解决日益复杂的数字系统的检测和故障诊断问题。

逻辑分析仪能够对数字逻辑电路和系统实时运行过程中的数据流或事件进行记录和显示,并能够通过各种控制功能实现对逻辑系统的软硬件故障分析和诊断,为开发、调试、检测各种数字设备及大规模数字集成电路提供了方便而有效的手段。

10.2.1   逻辑分析仪的基本组成

逻辑分析仪由数据捕获和数据显示两部分构成,其基本组成如图 10.2.1 所示。

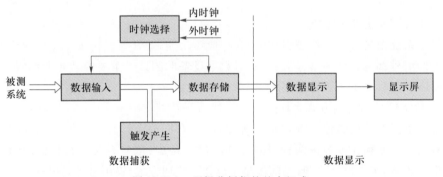

图 10.2.1   逻辑分析仪的基本组成

数据捕获部分的作用是快速捕获并存储要观察的数据。其中,数据输入部分用于将各通道采集到的信号转换成相应的数据流;触发产生部分用于在数据流中搜索特定的触发字,当搜索到特定的触发字时,就产生触发信号去控制数据存储部分;数据存储部分根据触发信号,开始存储有效数据或停止存储有效数据。

数据显示部分的作用是对存储在存储器里的有效数据进行处理,并以多种形式显示出来,以便对捕获的数据进行分析和观察。

10.2.2   逻辑分析仪的特点

逻辑分析仪的作用是利用便于观察的形式显示数字系统的运行情况,对数字系统进行分析和故障判断。其主要特点如下:

① 具有多个测试输入端,可以同时观测数字系统的多路信息(数据);

② 具有足够容量的存储器,能快速地存储采集到的数据,并具有"记忆"功能,能将多个测试点的信息变化记录下来,待需要时再进行分析;

③ 具有灵活而准确的触发功能,可选择特定的观察条件,在任意长度的数据流中准确定位待观测和分析的部分数据,从而捕捉有效的数据;

④ 采用高速器件和工作时钟,可方便地观察多输入信道上的数据变化情况,测量相对延迟时间和"毛刺"数据;

⑤ 具有灵活多变的显示方式,如状态表显示、逻辑波形显示、数据比较显示等。

示波器是时域分析的主要仪器,逻辑分析仪是数据域分析的主要仪器,表 10.2.1 给出逻辑分析仪和示波器在主要应用领域、检测方法和范围、输入通道、触发方式及显示方式上的比较。

表 10.2.1　逻辑分析仪和示波器的比较

比较内容	逻辑分析仪	示波器
主要应用领域	数据域分析,数字系统的软硬件测试	模拟、数字信号的波形显示
检测方法和范围	利用时钟脉冲采样,显示触发前后的逻辑状态	模拟示波器显示触发后的波形,数字示波器显示触发前后的波形
输入通道	容易实现多通道(16 通道或更多)	很难实现多通道(一般 2 通道)
触发方式	数字方式触发,可以多通道逻辑组合触发,容易实现与系统动作同步触发,也可以进行多级顺序触发;具有驱动时域仪器的能力	模拟示波器采用模拟方式触发,数字示波器支持数字触发。可根据输入信号进行触发,很难实现与系统动作同步触发,不能实现多级顺序触发
显示方式	把输入信号变换为逻辑电平后加以显示。显示方式多样,有状态、波形、图形、助记符号等	原封不动地实时显示输入信号波形

10.2.3　逻辑分析仪的基本原理

微课

逻辑分析仪的
基本原理

1. 输入探头

输入探头用来连接逻辑分析仪与被测系统,按用途可分为数据探头和时钟探头两种。时钟探头接在被测系统的时钟上,时钟输入经变换后,按需要可产生上升沿和下降沿的时钟输出,用来驱动时序电路,产生捕捉数据用的系统时钟信号。数据探头接在被测系统的数据上,在系统时钟信号的作用下,被测数据由采样电路捕捉。两种探头结构大致相同,如图 10.2.2 所示。它具有高速高输入阻抗,输入数据通过比较器与阈值电平进行比较,如果输入数据大于阈值电平,输出为逻辑 1,反之为逻辑 0。为检测不同逻辑电平的数字系统(如 TTL、ECL、CMOS 等),阈值电平一般在 ±10 V 范围内可调。

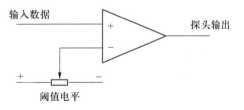

图 10.2.2　数据输入探头

2. 数据捕获

从数据探头得到的信号,经电平转换、延迟后,在采样脉冲作用下,经采样电路存储于高速存储器中。这种将被测信号进行采样并存入存储器的过程,称为数据捕获。在逻辑分析仪中,数据捕获方式一般有以下三种。

(1)采样方式

采样方式是当采样脉冲到来时,对探头中比较器输出的逻辑电平进行判断。如果比较器的输出为低电平,则采样电路的输出亦为低电平,并一直维持到下一个采样脉冲到来为止;如果比较器的输出为高电平,则采样电路的输出亦为高电平,并一直维持到下一个采样脉冲到来为止,如图 10.2.3 所示。显然,采样方式所显示的波形不是被测信号的实际波形,而是一种伪波形,反映不出信号的时域特点,特别是不能对发生在时钟脉冲之间的毛刺脉冲进行采样。

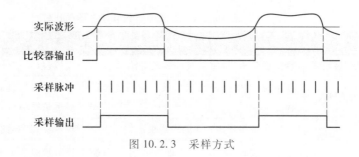

图 10.2.3   采样方式

(2)锁定方式

锁定方式是专门用来捕捉出现在两个采样脉冲之间的毛刺脉冲的。在锁定方式下,逻辑分析仪内部的锁定电路能捕捉到毛刺脉冲并把一个很窄的毛刺脉冲展宽。其一般可以捕捉到 1 ns 的窄脉冲,并把毛刺脉冲展宽为一个采样时钟周期,以便于观察和分析。这种方式的优点是线路简单,但是不能检测在信号边沿出现的毛刺脉冲,也不能分辨连续出现的毛刺脉冲。

(3)毛刺方式

毛刺方式从毛刺脉冲的基本概念出发(即在一个采样周期内,出现两个方向逻辑跳变的窄脉冲),采用双向跳变电路检测毛刺脉冲。如果检测到某一通道在采样点的信号电平是 0,在同一个采样周期内又出现从逻辑 1 到 0 的跳变,就将它存入毛刺存储器内,在显示的时候,用一个加亮的竖线叠加到波形上来显示毛刺脉冲。

3. 数据触发

数据设备因软硬件故障所发生的错误数据往往和正确数据混杂在一起,这些错误数据只发生在程序流程中某些特定的时间间隔内,也就是出现在数据流的某一区域。为了分析这些数据,以寻找出错原因,要求逻辑分析仪不仅能收集、存储这些数据,而且还能在发现这些数据的时候将其捕捉住,这便是数据触发控制。数据触发控制的实质是不断搜索被测数据流中某一指定的数据字,一旦识别这些数据字后,立刻按规定条件产生触发脉冲去停止或启动数据存储,使有关数据稳定地保持在数据存储器中,以便显示和分析。用于触发的数据字称为触发字,当触发字作为启动数据时,则成为数据流的第一个数据;当触发字作为停止数据时,则存储器中采集存放的数据是触发字出现以前的数据,而触发字则是数据流中的最后一个数据。

为了有效地捕捉数据流,逻辑分析仪一般都设有多种触发方式。在进行数字信号观察时,选择触发方式是非常重要的,下面介绍几种触发方式。

(1) 组合触发

逻辑分析仪具有"字识别"触发功能,可将逻辑分析仪各通道的信号和其预置触发字进行比较,当一一对应的各位数据相等时,便产生触发信号,这就是组合触发方式。在测试复杂的数据流时,组合触发方式为选择观察、分析某些特定的数据块提供了有效的方法,可以对某特定字发生前后一段时间内信息的变化情况进行捕捉、存储、分析和观察。

触发条件可以通过仪器面板上的触发字选择开关来控制,每一个触发探头上都有一个触发字选择开关,每一个通道可选 **1**、**0**、X 三种触发条件,其中,**1** 和 **0** 分别代表触发条件中的高电平和低电平,X 为任意。例如,某台仪器有 5 个输入通道,对应通道的触发字选择开关可以分别置为 **0100**X,则这 5 个输入通道出现 **01001** 或者 **01000** 时产生触发。

组合触发方式也称为内部触发方式,几乎所有逻辑分析仪都采用这种触发方式,故也称为基本触发方式。

(2) 延迟触发

延迟触发对采样点的延迟是通过数字延迟电路实现的。延迟触发可以方便地设置存储器窗口,以便观察不同的数据流。延迟触发应与始端触发、终端触发等方式配合使用。

① 存储器终端触发:显示时,触发字显示于所有被显示数据之后,可以观测被测系统发生故障以前的很多情况。逻辑分析仪大多采用这种方式。

② 存储器始端触发:显示时,触发字显示于所有被显示数据之首,由于有 M(存储器容量)个新数据字(包括触发字)被采样和存储,而存储的这串数据又是以触发字为首,所以称为始端触发。

③ 存储器中间触发:显示时,触发字显示于所有被显示数据的中间,此时存储器可以存入触发前或触发后的部分数据。

综上所述,逻辑分析仪可采用数字延时的方法,自由设置存储范围。

(3) 序列触发

序列触发是一种多级触发,多个触发字按规定的顺序排列,只有当被观察的程序按同样的顺序先后满足所有触发条件时才能触发。

(4) 限定触发

限定触发是对设定的触发字加限定条件的触发方式。有时设定的触发字在数据流中出现得比较频繁,为了有选择地存储和显示特定的数据流,逻辑分析仪会增加一些附加通道作为约束或选择所设置的触发条件。

(5) 毛刺触发

毛刺触发可以在输入信号中检测出毛刺脉冲(如干扰脉冲)。它利用滤波器从输入信号中取出一定宽度的脉冲作为触发信号,以利于寻找误动作的原因。

4. 数据存储

在数据流测试中,对满足触发条件的有效数据必须进行存储,以便分析处理时使用。数据存储方式有两种。

（1）基本存储

数据流由随机存取存储器（RAM）来存储。逻辑分析仪中的存储器采用顺序存储方式，即读出和写入按顺序进行。

由于存储器容量的限制，通常存储器采用"先进先出"（FIFO）的存储原则，在存储数据后继续写入数据时，首先存入的数据由于溢出而被冲去，这个过程一直延续到数据存储停止。

（2）限定性存储（选择性存储）

如果对采样时钟脉冲进行适当限定，那么可以实现限定性存储，或称选择性存储。它仅将满足时钟条件的数据存入数据存储器，可以有效利用逻辑分析仪有限的存储单元。

5. 数据显示

逻辑分析仪将被测信号以数字的形式不断写入存储器，在触发信号到来之前，这个过程不停进行。一旦触发信号到来，逻辑分析仪立即停止数据采集、存储而转入显示阶段，把已存入存储器中的数据处理成便于观察和分析的格式显示在显示器屏幕上。显示方式通常有状态表显示、定时显示、数据比较显示及矢量图显示等。

（1）状态表显示

状态表显示是把存储器存储的内容用各种数制（二、八、十、十六进制和 ASCII 码）以列表的形式显示在屏幕上。状态表的每一行表示一个时钟脉冲对多通道数据捕获的结果，并代表一个数据字。在这种显示方式中，用户可以用键盘或鼠标移动数据表列，选择显示任意时刻采集的数据。

（2）定时显示

定时显示是将存储器中存储的数据信息，按逻辑电平和时间关系显示在屏幕上，即显示各通道波形的时序关系。由于受时钟频率的限制，采样点不可能无限密集，因此定时显示在屏幕上的波形不是实际波形，不含有被测信号的前后沿等参数信息，而是采样点上信号的逻辑电平随时间变化的伪时域波形，即"伪波形"。定时显示可清楚地描述数字系统的时序关系，便于检测被测波形中各种不正常的毛刺脉冲，以利于逻辑硬件工作状态的检测。

（3）数据比较显示

逻辑分析仪中有两组存储器，一组存储标准数据或正常操作数据，另一组存储被测数据。数据比较显示时，把被测数据不断地与标准数据进行比较，并同时显示在屏幕上，从而可以迅速发现错误数据。数据比较显示方式主要用于生产测试和故障查找。

（4）矢量图显示

把被测系统的每一个状态综合起来，应用仪器内部的数模转换（D/A）电路转换为屏幕的一个点，称为状态点。系统的每个状态在屏幕上都有一个对应的点，这些点分布在屏幕上组成的图就是矢量图或者点图。

在实际应用中，点图是事先设计好的。在设计过程中，确定被测点及相应的连接探头，预知点图形状。在维修或者检查逻辑电路时，按设计中确定的方法把探头同被测点连接起来。如果仪器上观察得到预定点图，说明被测系统的逻辑状态正确；如果与事先设计的点图不符合，则可以判定出有故障的被测点。

10.3　逻辑分析仪典型产品介绍

参考资料
LAP-C 型逻辑分析仪说明书

1. 孕龙 LAP-C 型逻辑分析仪的外观

孕龙 LAP-C 型逻辑分析仪的外观如图 10.3.1 所示。

信号连接座　　信号显示灯
(RUN执行、READ读取、TRIGGER触发、电源)

启动按钮

分析仪电源来自于USB连接

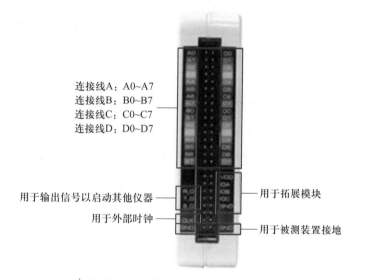

连接线A：A0~A7
连接线B：B0~B7
连接线C：C0~C7
连接线D：D0~D7

用于输出信号以启动其他仪器　　用于拓展模块

用于外部时钟　　用于被测装置接地

微课
逻辑分析仪的使用

图 10.3.1　孕龙 LAP-C 型逻辑分析仪外观

2. 孕龙 LAP-C 型逻辑分析仪的连接

孕龙 LAP-C 型逻辑分析仪与笔记本式计算机的连接如图 10.3.2 所示。

3. 孕龙 LAP-C 型逻辑分析仪的试验步骤

① 将单片机开发板的 P1 口与 8 个发光二极管相连,下载程序,实现 8 个发光二极管每过 0.5 s 左移点亮的功能。

② 逻辑分析仪的 A 通道与单片机的 P1 口相连。

③ 打开逻辑分析仪的界面。

a. 设置内存容量为 128K,采样频率为 50 kHz,如图 10.3.3 所示。

b. 设置触发位置为 20% ,如图 10.3.4 所示。

微课
逻辑分析仪的仿真

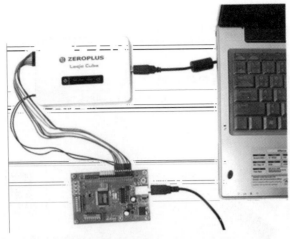

图 10.3.2   逻辑分析仪与笔记本式计算机的连接

图 10.3.3   设置内存容量和采样频率

图 10.3.4   设置触发位置

c. 设置信号通道,选择 A 通道,通道的触发条件和滤波条件选择默认值,如图 10.3.5 所示。

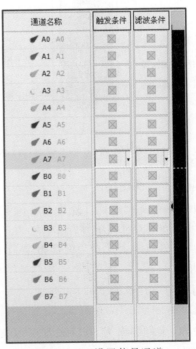

图 10.3.5   设置信号通道

d. 单击执行按钮▶,观察波形,如图 10.3.6 所示。按 F10 键,可以查看整体波形。

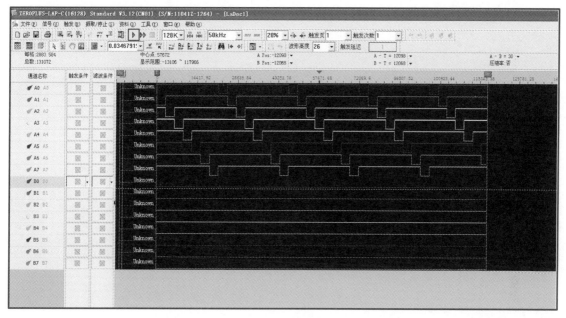

图 10.3.6　观察波形

项目 3

整机的测量与检验

　　整机检验是检查产品经过总装、调试之后是否达到预定功能要求和技术指标的过程。整机的测量与检验主要包括直观检验、功能检验以及对整机主要技术指标进行测试等内容。

📖 知识目标　　　　　　熟悉电子整机性能的测量。

☑️ 能力目标　　　　　（1）能够根据被测参数，选择合适的测量仪器；
　　　　　　　　　　　（2）能够组建测量系统；
　　　　　　　　　　　（3）能够使用测量仪器对电路进行整机性能的测量。

⚓ 素质目标　　　　　（1）学会一定的沟通、交际、组织、团队合作的社会能力；
　　　　　　　　　　　（2）具有一定的自学、创新、可持续发展的能力；
　　　　　　　　　　　（3）具有一定的解决问题、分析问题的能力；
　　　　　　　　　　　（4）具有良好的职业道德和高度的职业责任感。

收音机整机性能参数的测量与检验

任务目标

① 能够根据国家标准,制定检验方案,拟定检验内容、方法,并编写整机检验记录单;

② 能够根据抽样方案,合理地进行抽样;

③ 能够根据测量参数,选择合适的测量仪器;

④ 能够正确填写检验记录单;

⑤ 能够对测量仪器进行日常维护、保养。

任务实施

子任务:HX108-2 型超外差收音机整机的测量与检验。

任务描述:测量调幅收音机的信噪比、噪限灵敏度、频率特性、谐波失真度等参数。

任务要求:

① 能够根据行业标准,正确制定测试方案;

② 编写检验任务单,完成 HX108-2 型超外差收音机的测量与检验。

任务指导

11.1   电子产品整机检验标准简介

电子产品整机质量的优劣,是由各项性能指标来衡量的。对产品性能指标的测试是整机检验的主要内容。通过检验可以考查产品是否符合国家或企业的技术要求。每种电子产品的基本参数、技术要求、测试方法都有相应的标准(国家标准、行业标准或企业标准)。

电子产品检验的基础之一是产品标准。产品标准通常包括对产品的定义、要求、检验及试验方法等。产品的技术条件也是对产品性能、功能等方面进行规定的一种方式,在内容方面可以等同于产品标准,也可以只对关键要求做出规定,在形式上比产品标准灵活一些。

考虑到一定的通用性和学校实训条件,本任务选择对象为超外差收音机。

超外差收音机的性能指标项目很多,大致可分为灵敏度、抗干扰、保真度、立体声及其他性能几大类。整机测试一般对其主要指标,如信噪比、噪限灵敏度、单信号选择性、单信号中频抑制、单信号镜像抑制、假响应抑制、整机频率特性、整机谐波失真、整机最大有用功率、降压特性等进行测量。

对应的国家和行业标准包括:

·GB/T 9374—2012 声音广播接收机基本参数;

·GB/T 2846—2011 调幅广播收音机测量方法;

·GB 8898—2011 音频、视频及类似电子设备 安全要求;

·GB/T 9384—2011 广播收音机、广播电视接收机、磁带录音机、声频功率放大器(扩音机)的环境试验要求和试验方法;

·SJ/T 11179—1998 收、录音机质量检验规则。

对于企业而言,电子产品检验依据的标准有的是国家或行业标准,有的则是企业标准。企业标准是严格依据国家标准而制定的,在技术要求上严于国家(或行业)标准。

11.2   收音机的基本原理

HX108-2 型半导体收音机为七管中波调幅袖珍式半导体收音机,采用全硅管标准二级中放电路,利用两只二极管串联,其导通压降恒定的特点,稳定从变频、中频放大到低频放大的工作电压,不会因电池电压降低而影响接收灵敏度,使收音机保持正常工作。该收音机体积小巧,外观精致,便于携带。

11.2.1   超外差收音机电路的组成

超外差收音机电路的组成如图 11.2.1 所示,包括输入回路、变频级、中频放大级、

微课
超外差收音机电路的组成

检波级、AGC(自动增益控制)、低频前置放大级、低频功率放大级,其中变频级包括混频器和本机振荡器两个部分。输入回路在天线上接收到的各种高频信号中选择出所需要的电台信号,送入变频级的混频器。本机振荡器产生高于接收信号 465 kHz 的等幅振荡信号,也送入混频器。由于混频管的非线性作用,混频器会产生一系列频率分量,通过谐振选出差频信号。该差频信号经过中频放大级、检波级后,输出音频信号,该信号经过低频前置放大级、低频功率放大级后,推动扬声器发声。

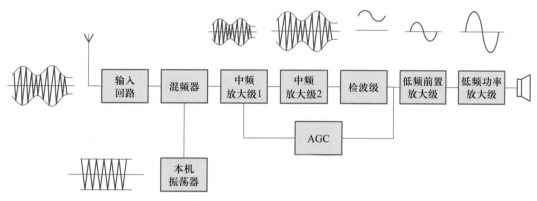

图 11.2.1　超外差收音机电路的组成

11.2.2　超外差收音机电路原理

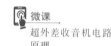

微课
超外差收音机电路原理

　　HX108-2 型超外差收音机电路的原理图如图 11.2.2 所示。由图可知,整机中含有七只三极管,因此称为七管收音机。其中,VT_1 为变频管,VT_2、VT_3 为中频放大管,VT_4 为检波管,VT_5 为低频前置放大管,VT_6、VT_7 为低频功率放大管。

　　当调幅信号感应到由 B_1 及 C_1 组成的天线调谐回路时,会选出所需的电信号 f_1 进入 VT_1(9018H)基极,本振信号 f_2 调谐在比 f_1 高出 465 kHz 的频率(即 $f_2 = f_1 + 465$ kHz),例如 $f_1 = 700$ kHz,则 $f_2 = (700+465)$ kHz = 1 165 kHz 进入 VT_1 发射极,由 VT_1 进行混频,通过 B_3 选出 465 kHz 中频信号经 VT_2 和 VT_3 两级中频放大,进入检波管 VT_4,检出音频信号经 VT_5(9014)进行低频放大,并由 VT_6、VT_7 组成的功率放大器进行功率放大,推动扬声器发声。电路中由 VD_1、VD_2(1N4148)组成(1.3±0.1) V 稳压,固定变频管、两级中频放大管、低频放大管的基极电压,稳定各级工作电流,以保持灵敏度。VT_4(9018)的 PN 结用于检波。R_1、R_4、R_6、R_{10} 分别为 VT_1、VT_2、VT_3、VT_5 的工作点调整电阻,R_{11} 为功率放大级 VT_6、VT_7 的工作点调整电阻,R_8 为中频放大的 AGC 电阻。B_3、B_4、B_5 为中周(内置谐振电容),既是放大器的交流负载又是中频选频器,收音机的灵敏度、选择性等主要指标靠中频放大器保证。B_6、B_7 为音频变压器,起交流负载及阻抗匹配作用。

　　1. 输入回路

　　由磁性天线 B_1 和双联同轴可变电容 C_1-A 组成的天线调谐回路感应出广播电台的调幅信号,选出所需的电台信号。

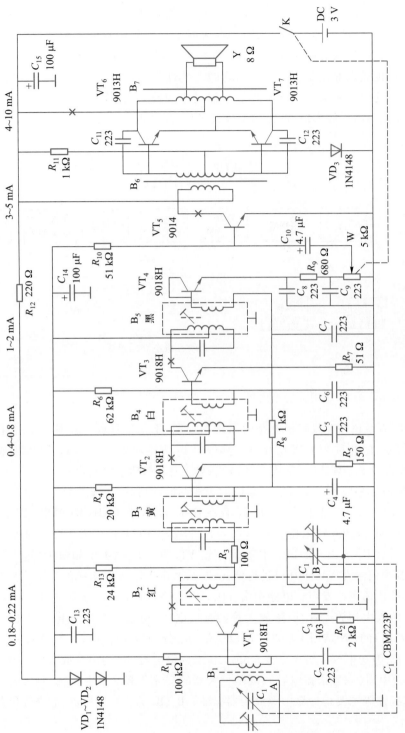

图 11.2.2　HX108-2 型超外差收音机电路原理图

2. 变频级

输入回路选出所需的电台信号,经过变压器 B_1 耦合到变频管 VT 的基极。与此同时,由变频管 VT_1、振荡线圈 B_2、双联同轴可变电容 C_1–B 等元器件组成共基调射型变压器反馈式本机振荡器,其本振信号经电容 C_3 注入变频管 VT_1 的发射极。电台信号与本振信号在变频管 VT_1 中进行混频。混频后,VT_1 集电极电流中将含有一系列的组合频率分量,其中也包含本振信号与电台信号的差频(465 kHz)分量,经过中周 B_3(内含谐振电容),选出所需的中频(465 kHz)分量,并耦合到中频放大管 VT_2 的基极。

3. 中频放大级

中频放大级是由 VT_2、VT_3 等元器件组成的两级小信号谐振放大器。混频后所获得的中频信号通过两级放大后,送入下一级的检波器。

4. 检波级和自动增益控制电路

检波器是由 VT_4(相当于二极管)等元器件组成的大信号包络检波器。检波器将放大了的中频调幅信号还原为所需的音频信号,经耦合电容 C_{10} 送入低频放大器进行放大。在检波过程中,除产生所需的音频信号之外,还会产生反映输入信号强弱的直流分量,由检波电容 C_7 两端取出后,经 R_8、C_4 组成的低通滤波器滤波,加到中频放大管 VT_2 的基极,实现自动增益控制。

5. 低频放大部分

低频放大部分由低频前置放大器和低频功率放大器组成。

由 VT_5 组成的低频前置放大器将检波器输出的音频信号放大后,经输入变压器 B_6 送入功率放大器中进行功率放大。

功率放大器由 VT_6、VT_7 等元器件组成,它们组成了变压器耦合式乙类推挽功率放大器,将音频信号的功率放大到足够大后,经输出变压器 B_7 耦合去推动扬声器发声。其中 R_{11}、VD_3 用于给功率放大管 VT_6、VT_7 提供合适的偏置电压,消除交越失真。

11.3　调幅收音机的基本参数

以下内容参考国家标准 GB/T 9374—2012《声音广播接收机基本参数》。

11.3.1　适用范围

本标准适用于声音广播接收机(以下简称收音机)和调谐器,也适用于收录机的收音部分;但不适用于特殊机种(例如汽车收音机等)和签订协议的产品及玩具收音机,也不适用于数字收音机。

11.3.2　调幅收音机基本参数及测量条件

调幅收音机基本参数及测量条件如表 11.3.1 所示。

表 11.3.1　调幅收音机基本参数及测量条件

序号	基本参数	计量单位	极限指标			测量条件	说明
			A 类	B 类	C 类		
1	频率范围 中波 短波	kHz MHz	526.5 ~ 1 606.5 2.3 ~ 26.1			测量频率:在频率范围两端极限位置; 调幅度:30%; 输入电平:实测噪限灵敏度; 调谐方法:输出最大; 输出功率:不大于额定输出功率	短波波段划分及其频率范围可在产品标准中规定
2	噪限灵敏度 磁性或框形天线 外接或拉杆天线	mV/m μV	1.0 100	3.0 300	6.0 600	测量频率:三点优选测量频率; 调幅度:30%; 调谐方法:输出最大; 输出功率:标准输出功率; 信噪比:26 dB(去调制法)	① 磁性天线小于或等于 140 mm 的 A 类机灵敏度要求 1.5 mV/m; ② 磁性天线小于或等于 55 mm 的 C 类机信噪比为 20 dB; ③ 短波测量频率可在产品标准中规定
3	单信号选择性	dB	36	16	10	测量频率:1 000 kHz; 偏调:±9 kHz; 调幅度:30%; 输入电平:实测噪限灵敏度; 调谐方法:输出最大; 输出功率:标准输出功率	只有两个中频单调谐回路的 C 类机要求 6 dB
4	中频抑制	dB	45	20	—	测量频率:中波低端标称频率点; 调幅度:30%; 输入电平:实测噪限灵敏度; 调谐方法:输出最大; 输出功率:标准输出功率	有二次变频时需分别测第一中频和第二中频
5	镜像抑制 中波 短波 ≤ 12 MHz 短波 ≤ 18 MHz 短波 > 18 MHz	dB	 50 20 16 10	 20 6 3 1	—	测量频率:各波段高端标称频率点; 调幅度:30%; 输入电平:实测噪限灵敏度; 调谐方法:输出最大; 输出功率:标准输出功率	有二次变频时需分别测第一中频镜像和第二中频镜像

序号	基本参数	计量单位	极限指标			测量条件	说明
			A 类	B 类	C 类		
6	假响应抑制	dB	40	20	—	测量频率：1 000 kHz； 调幅度：30%； 输入电平：实测噪限灵敏度； 调谐方法：输出最大； 输出功率：标准输出功率	高本振测 $f_0-f_i/2$ 低本振测 $f_0+f_i/2$ （f_0 为本振频率，f_i 为中频，有二次变频时 f_i 包括第一中频和第二中频，分别测量）
7	整机频率特性（对 1 kHz 的下降）	Hz	100 ~ 4 000 63 ~ 4 000 40 ~ 4 000	200 ~ 3 150 140 ~ 3 150 100 ~ 3 150	400 ~ 2 500 280 ~ 2 500 200 ~ 2 500	测量频率：1 000 kHz； 调制频率：所选音频范围的频率； 调幅度：30%； 输入电平：10 mV/m 或 1 mV； 调谐方法：输出最大； 输出功率：0.25 倍额定输出功率	测量声压频率特性时，音调可在高低音提升和衰减位置各测一次，并计算其间最小不均匀度
	电压		下限频率：6 上限频率：10				
	声压	dB	产品标准规定	—			
8	整机谐波失真	%				测量频率：1 000 kHz； 调制频率：所选定音频范围内 1 倍频程优选测量频率及两端极限频率； 调幅度：80%（电源电压≤3 V 为 60%）； 输入电平：10 mV/m 或 1 mV； 调谐方法：输出最大； 输出功率：标准输出功率	① 离两端极限频率以内间距小于或等于 1/3 倍频程的优选频率点免测； ② 测量声压谐波失真时为额定输出功率
	电压		3	6	10		
	声压		产品标准规定	—			
9	整机最大有用功率	W	产品标准规定，实测时不低于规定值			测量频率：1 000 kHz； 调幅度：80%； 输入电平：10 mV/m 或 1 mV； 调谐方法：输出最大； 输出功率：失真 10% 时输出功率	① 具有双声道的收音机，应分别以每个声道表示和测量； ② 调谐器不测此项

续表

序号	基本参数	计量单位	极限指标			测量条件	说明
			A 类	B 类	C 类		
10	降压特性	—	有载交流电源电压降到额定值的 0.8 倍；有载直流电源电压降到额定值的 0.6 倍；输出不小于标准输出功率，且在无信号输入时全部频率范围内不应有自激哨叫声			测量频率：1 000 kHz；调幅度：30%；输入电平：10 mV/m 或 1 mV；调谐方法：输出最大；音量：最大位置；音调：各种位置	直流电源电压小于或等于 3 V 时降到额定值的 0.8 倍

11.3.3　收音机分类

　　基本参数的极限指标，除某些通用者外，分为 A、B、C 三类。其中，接收性能部分，为表 11.3.1 中的第 2~6 项；保真度部分，为表 11.3.1 中的第 7~9 项。而接收性能部分和保真度部分之间，可根据产品具体情况合理选配。

11.3.4　测量用标准大气条件及电源要求

　　除特别规定外，所有收音机均在下列大气条件和电源要求下进行测量。

① 环境温度：15~35 ℃。

② 相对湿度：25%~75%。

③ 大气压力：86~106 kPa。

④ 交流电源：电压额定值±10%；
　　　　　　电源频率：50 Hz±0.5 Hz。

⑤ 直流电源：电压额定值±5%。

11.4　调幅收音机的测量方法

　　以下内容参考国家标准 GB/T 2846—2011《调幅广播收音机测量方法》。

11.4.1　适用范围

　　本标准适用于工作频率为 526.5 kHz~26.1 MHz 的调幅广播收音机（以下简称收音机）进行电声性能测量的标准测量方法。

11.4.2　测量条件

　　接收机应该在如下标准条件下测量：

① 供电电压和频率等于额定值。

② 标准的射频输入信号是通过天线的模拟网络匹配到接收机的天线接线端或应用标准磁场发生器感应信号到接收机的磁性天线。

③ 如果测量是在末端进行,用于连通扩音器的声频输出端子(如果有的话)被连接到声频代用负载,像其他的声频输出端子一样。

④ 将接收机调谐到适用信号。

⑤ 调节音量控制器(如果有的话)使得主声频输入端子的输出电压低于额定失真–极限的输出电压 10 dB,或者符合参考值。

⑥ 环境条件在额定范围内。

⑦ 对于立体声接收机,调节平衡控制器或者等效元件(如果有)使得两通道的输出电压相等。

⑧ 调节音量控制器(如果有)使得音频尽可能地平坦(例如,在 100 Hz、1 kHz 和 10 kHz 的相等响应值)。如果有,用音频输入端子实现;否则上述的 10 kHz 的频率可以降为 2 kHz。

⑨ 如果这些可以通过用户控制,自动频率控制就不使用。

⑩ 静噪控制(如果有)应处于不工作位置。

11.4.3　测量参数

1. 信噪比

信噪比是指在一定的输入信号电平下,接收机输出端的信号电压与噪声电压之比。

信噪比测量装置如图 11.4.1 所示。接收机置于标准测量条件下,音调控制器在平直位置,带宽控制在宽带位置,输入信号电平,对于使用外接天线和拉杆天线的收音机来说为 1 mV,对于使用磁性天线和框形天线的收音机来说为 10 mV/m,输入信号频率为标准测量频率 1 000 kHz,调制度为 30%,调制频率为 1 000 Hz。

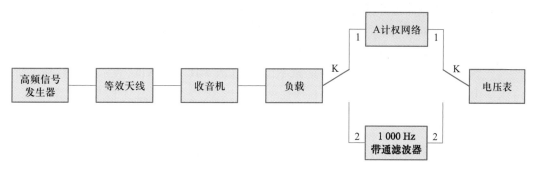

图 11.4.1　信噪比测量装置

第 1 步,将开关 K 打向 2,先用较低输入信号电平,按音频输出最大调谐法调谐;然后增大输入信号电平到规定值,调节音量控制器使输出为额定输出功率。

第 2 步,使高频信号发生器去调制,将开关 K 打向 1,测量收音机的噪声输出电压。

额定输出功率时对应的电压和去调制时噪声电压之比,即为信噪比。

测量结果可以用信噪比与输入信号电平的函数关系曲线来表示。输入信号电平

以 μV 或 μV/m 为单位,表示在对数横坐标上。若以 dB(μV)或 dB(μV/m)为单位,则表示在线性横坐标上。信噪比以 dB 为单位,表示在线性纵坐标上。

2. 噪限灵敏度

当收音机的信噪比为 26 dB 时,输出标准输出功率所需要的最小输入信号电平,即为收音机的噪限灵敏度。

测量装置及测量方法同信噪比的测量,只是此时输入信号的调制度为 30%,反复调节高频信号发生器的输出电平和收音机音量控制器位置,使收音机的信噪比为 26 dB,输出为标准输出功率,此时高频信号发生器的输出电平即为收音机的噪限灵敏度。

测量结果可用噪限灵敏度与频率的函数关系曲线来表示。

3. 单信号选择性

高频信号发生器经相应的模拟天线网络接到收音机的输入端,输入频率为 1 000 kHz,调制频率为 1 000 Hz,调幅度为 30% 的高频信号。用噪限灵敏度的测量方法调整,调节高频输入信号电平到实测噪限灵敏度,调整收音机音频输出到标准输出功率,然后,分别向两边偏调高频信号发生器的频率为 ±9 kHz,±18 kHz,±36 kHz,…。增加输入信号电平,使收音机在各偏调频率点仍保持输出标准输出功率。

各偏调频率点的输入信号电平与调谐频率点输入信号电平之差,即为各偏调频率点的单信号选择性。

测量结果可用曲线表示。偏调频率数以 kHz 为单位,表示在线性横坐标上。选择性以 dB 为单位,表示在线性纵坐标上。

4. 单信号中频抑制

调谐于某一频率的收音机,当加入等于中频频率的信号时,产生标准输出功率所需的中频信号电平与调谐频率点的噪限灵敏度电平之差即为中频抑制。

测量频率为优选测量频率点。按噪限灵敏度的测量方法调整,然后将高频信号发生器调节到中频附近并按音频输出最大调谐,调节高频信号发生器的输出电平,使收音机输出标准输出功率。此高频信号发生器的输出电平与调谐频率的噪限灵敏度电平之差即为收音机在该频率上的中频抑制。

测量结果可用曲线表示。测量频率以 kHz(或 MHz)为单位,表示在对数横坐标上。中频抑制以 dB 为单位,表示在线性纵坐标上。

5. 单信号镜像抑制

调谐在某一频率上的收音机,当加入等于镜像频率的信号时,产生标准输出功率所需要的输入信号电平与该调谐频率的噪限灵敏度电平之差即为镜像抑制。其测量方法同单信号中频抑制。

6. 假响应抑制

假响应抑制是在假响应频率产生的音频输出为规定值时,假响应频率上的输入信号电平与调谐频率上的输入信号电平之差。其测量方法同单信号中频抑制。

7. 整机频率特性

（1）整机电压频率特性

收音机电压频率特性是指音频输出电压与调制频率的对应关系。

收音机在标准测量条件下,输入一频率为 1 000 kHz,调制频率为 1 000 Hz,调制度为 30%,电平为 1 mV[60 dB(μV)]的信号。按音频输出最大调谐法进行调谐。带宽控制器置于宽带位置,音调控制器应在平直位置,调节音量控制器,使音频输出端负载上功率为 0.25 倍额定输出功率。在音频频率范围内连续改变调制频率,用自动记录仪或音频电压表测量整机电压频率特性。

测量结果用输出电压与调制频率的函数关系曲线来表示,调制频率以 Hz 为单位,表示在对数横坐标上。

（2）整机声压频率特性

收音机整机声压频率特性是指扬声器在自由空间规定位置上所产生的声压与调制频率之间的关系。

整机声压频率特性的测量装置如图 11.4.2 所示。测试传声器位于收音机扬声器中心或面板正面各扬声器中心连线构成的多边形几何重心的轴线上。

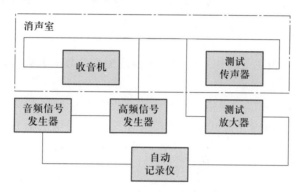

图 11.4.2　整机声压频率特性测量装置

从天线输入优选测量频率,并加入 1 000 Hz、30% 调制的高频信号,输入信号电平为 1 mV[60 dB(μV)],按音频输出最大调谐法进行调谐。带宽控制器在宽带位置。调节音量控制器使扬声器音圈电压相应于 0.25 倍额定输出功率。在音频频率范围内,连续改变调制频率,用自动记录仪或音频电压表测量整机声压频率特性曲线。

测量结果用整机声压与调制频率的函数关系曲线来表示。调制频率以 Hz 为单位,表示在对数横坐标上。声压以 dB 为单位,表示在线性纵坐标上。标准测量频率点的声压为参考声压,要在结果中注明。

8. 整机谐波失真

（1）整机电压谐波失真

在标准测量条件下,收音机输入一频率为 1 000 kHz,调制频率为 1 000 Hz,80% 调制的高频信号,输入信号电平为 1 mV[60 dB(μV)]。使用磁性天线或框形天线的收音机,输入信号电平为 10 mV/m[80 dB(μV/m)]。按音频输出最大调谐法进行调谐。调节音量控制器,使收音机输出标准输出功率,在额定频率范围内按优选调制频率进行调制,不再重新调谐,保持调制度和音频输出不变,测量各频率的电压谐波失真系数。1.5~3 V 的低电压收音机,可在 60% 调制度下进行测量。

测量结果可用各频率与其相对应的电压谐波失真系数的列表表示。

（2）整机声压谐波失真

整机声压谐波失真的测量装置如图 11.4.3 所示。测试传声器位置同整机声压频率特性的测量,测量方法同整机电压谐波失真的测量。调节音量控制器,使扬声器音圈电压相应于额定输出功率。测量各频率点的声压谐波失真系数。如果某些频率点在频率特性的峰谷点上,且峰谷点的频带宽度不大于扬声器标准规定值,存在失真较大的情况,则允许偏开此点进行测量,但与规定测量频率之差为±10%。1.5~3 V 的低电压收音机,可在 60% 调制度下进行测量。

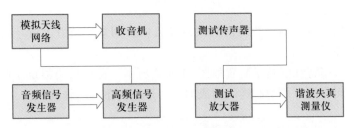

图 11.4.3   整机声压谐波失真测量装置

测量结果可用各频率与其相对应的声压谐波失真系数的列表表示。

9. 整机最大有用功率

高频信号发生器经相应的模拟天线网络接到收音机输入端,输入载频为 1 000 kHz,调制频率为 1 000 Hz,调幅度为 80% 的高频信号,输入信号电平为 10 mV/m 或 1 mV,按音频输出最大调谐,输出功率失真为 10%。此时收音机的输出功率即为最大有用功率,以 W(瓦)表示。

10. 降压特性

高频信号发生器经相应的模拟天线网络接到收音机的输入端,输入频率为 1 000 kHz,并加入 1 000 Hz、30% 调制的高频信号,输入信号电平为 1 mV[60 dB(μV)]。音调控制器在高、低音调最大提升位置(单个音调控制器在高音调最大提升位置),带宽控制器在宽带位置,按音频输出最大调谐。调节音量控制器使收音机输出标准输出功率。

在交流电源电压降到额定值 0.8 倍的降压范围内,或直流电源电压降到额定值的 0.6 倍的降压范围内,仍按音频输出最大进行调谐。当音量控制器在最大输出位置时,若收音机输出不小于标准输出功率,且在调节过程中无自激啸叫声,则认为收音机能够正常工作。

参考文献

［1］ 李明生.电子测量仪器与应用［M］.北京:电子工业出版社,2011.

［2］ 黄燕.电子测量与仪器［M］.北京:高等教育出版社,2015.

［3］ 陈尚松.电子测量与仪器［M］.北京:电子工业出版社,2016.

［4］ 汤婕.电子测量与产品检验［M］.北京:机械工业出版社,2017.

［5］ 马彦芬.电子产品检验［M］.北京:电子工业出版社,2014.